KB152428

# THE MIXOLOGY

# 더 믹솔로지

## 칵테일 창작의 방법과 테크닉

나구모 슈조 지음 | 김수연 옮김 | 성중용 감수

한스미디어

## 추천의 글

좋은 책을 만나면 일상을 잊어버리고 정독을 하게 됩니다. 다양한 주류 관련 책을 보면서 마지막 장까지 보는 책은 극히 드문 일입니다만, 2021년을 맞이하면서 하룻밤 사이에 읽어버린 《더 믹솔로지》는 나의 뇌리에서 사라져버린 도전, 탐구, 열정이라는 단어를 일깨우게 만들었습니다.

각 나라마다 사회적, 문화적 배경도 다르고 시대상을 반영하고 있기에 음료와 관련된 다양한 직업인 바텐더, 소믈리에, 바리스타 등의 정의를 내리는 것은 쉽지 않습니다. 음료를 다루는 일을 하게 되면 알코올과 비알코올을 포함한 모든 마시는 액체를 기본적으로 알고 있어야 합니다. 시대가 다방면에 뛰어난 엔터테이너를 원하고 있어 자연스럽게 '믹솔로지'를 정의하고, 각광받게 된 것 같습니다.

우리가 조각조각 알고 있는 내용을 일목요연一目瞭然하게 정리하고 분석하여 집대성集大成한 이 책은 바텐더와 믹솔로지를 지향하는 사람들을 위한 활용서입니다. 오류를 두려워하지 않고 수많은 시행착오를 거치면서 다양한 방식으로 접근하는 탐구자로서의 인내심과 열정이 녹아내려 있습니다. 연구하고 배우며 가르치고 함께 발전하려는 저자의 아름다운 마음씨도 담겨있습니다.

사고에서 머무르지 않고 직접 실험하여 새로운 것을 창조하는 믹솔로지스트인 저자의 도전정신에 경의를 표하며 큰 박수를 보냅니다. 좋은 날이 와서 이분의 칵테일을 경험할 수 있었으면 합니다. 여러분들도 이 책과 함께 끝없이 탐구하고 도전하면서 미래로 나아가시기를 희망하며, 보다 나은 내일을 위해 "Keep Walking" 하시기 바랍니다.

辛丑年 正月

디아지오 코리아 월드클래스 아카데미 원장 성중용

# THE MIXOLOGY

Shuzo Nagumo

# 시작하며

이 책은 '믹솔로지 칵테일이란 어떤 것인가', '어떠한 논리로 만들어내는가'를 내 나름대로 정리한 것이다. 칵테일의 교과서도 아니고 레시피 책도 아니다. 각 칵테일의 레시피와 함께 그 칵테일이 어떻게 완성되었는지를, 장비와 재료는 그것을 사용하는 목적과 의미가 무엇인지에 무게를 두고 집필했다. 중요한 것은 레시피가 아니라 칵테일에 이르는 여정, 창조성의 궤적이다. 그리고 도구는 그 필요성이다. 이 책의 칵테일은 정답이 적힌 답안 용지가 아니라 미래를 향한 창작의 방정식의 단편이라고 생각해주길 바란다.

"믹솔로지 칵테일이란 무엇인가?"라는 질문에 정답은 없다고 생각한다. 앞으로 10년이나 20년쯤 뒤에는 어떤 형태가 생길지 모른다. 이 책은 현시점에서 생각할 수 있는 '틀에 얽매이지 않고 자유롭게 창조하는 칵테일'이라고 하는, 넓은 의미에서의 믹솔로지 칵테일에 대해서 가감 없이 공개하고 있다. 기법도, 재료도, 장비도 각각을 '점點'이 아닌 '커다란 퍼즐의 조각'으로 파악해주었으면 한다. 그러면 새로운 세계가 보일 것이다.

믹솔로지 칵테일은 복합 예술이라 말할 수 있다. 다양한 도구·기술·재료·아이디어가 어우러져 한 잔으로 완성되어간다. 일단 레시피를 확인한 뒤 창작 논리와 코멘트를 읽고 다시 레시피로 돌아와 보면 왜 그 칵테일이 만들어졌고 어떻게 만들어졌는지 더 깊이 이해하게 될 것이다. 칵테일이란 '결과'이고, 결과란 사고방식과 조합에 따라 어떻게든 달라질 수 있다. 여기에 기록해놓은 레시피를 하나의 사례, 하나의 방정식으로 파악해서 여러분 나름의 창작 칵테일을 만드는 데 도움이 되길 바란다.

나구모 슈조

# 차례

# 제 1 장

# 믹솔로지란 무엇인가

# 1. 믹솔로지란

믹솔로지Mixology란 mix(혼합하다)에 접미사 -logy('~학', '~론')를 결합한 조어다. 직역하면 '믹스론'이 되지만 칵테일 세계에서의 일반적인 해석은 다음과 같다.

자유로운 발상으로 기성 개념을 뛰어넘어 창조하는 칵테일의 총칭. 믹솔로지 칵테일을 만드는 사람은 믹솔로지스트Mixologist라고 부른다.

미국과 유럽 등지에서 이 명칭이 널리 일반화된 2000년대 중반 이후부터 현재까지 믹솔로지스트와 바텐더Bartender의 차이에 대한 논쟁이 공공연하게 벌어져왔다. 그 가운데 가장 많이 거론된 차이점을 정리해보았다.

바텐더

- 고전적인 칵테일에 대한 풍부한 지식을 바탕으로 칵테일을 만들 수 있다
- 매장 매니지먼트에 관여하며 재고 관리와 운영을 할 수 있다
- 손님들을 컨트롤하고 매장 내부를 항상 청결하게 유지·관리한다
- 한 번에 여러 손님을 응대한다

믹솔로지스트

- 혁신적인 홈 메이드 재료를 사용해 독창적인 칵테일을 창작한다
- 고전적인 클래식 칵테일을 재구성해 세련화시킨다
- 새로운 기술과 테크닉을 개발·발견·응용한다
- 바텐더 분야를 발전시키기 위해 연구와 지원(컨설팅)을 아끼지 않는다

참고문헌 : www.thespruce.com/what-is-mixology-759941
https://drinks.seriouseats.com/2013/08/history-origins-of-the-term-mixologist-nineteenth-century-drinking-bartenders-jerry-thomas.html

믹솔로지스트가 조금 더 기술적이고, 바텐더는 운영자·컨트롤러라는 의미가 강해 보인다. 100년도 훨씬 전부터 바텐더는 '바 키퍼Bar-keeper'라는 인식이 강했다. 카운터는 손님과의 경계선이며, 바텐더는 그 문지기라는 것이다. 손님 마음대로 백 바[1]에 있는 술을 마시지 못하게 관리하고 손님의 이야기를 들어주며 술을 서빙한다. 난폭하게 구는 손님이 있으면 밖으로 쫓아냈다. 예전부터 바텐더는 이렇게 평가받고 있었다. 바텐더는 때로는 조합사이자 전문가로, 바 전체를 관리한다. 손님에게는 훌륭한 상담사이자 좋은 친구다. 직업적인 조합에

---

1 바에서 바텐더 뒤쪽에 주류와 술잔 따위를 보관하고 전시해놓은 공간.

국한되지 않고 손님의 마음을 치유해 활력을 되찾게 해주는 의사 같은 역할도 맡고 있었다.

그렇다면 믹솔로지스트는 어떨까? '믹솔로지스트는 때로는 조합사이자 과학자로, 항상 새로운 조합 기술을 찾고 만들며 칵테일 문화를 개척하는 존재다.' 이것은 내가 생각하는 믹솔로지스트의 정의로, 그 안에는 '혁신'과 '경이'라는 뜻이 담겨 있다. 믹솔로지스트는 항상 새로운 기술을 발견하고 프레젠테이션 방법을 개발하며 재료를 탐구하는 데 노력을 아끼지 않는다. 일종의 과학자적인 자세와 끝없는 탐구심을 지닌 사람이어야 한다.

### '믹솔로지'의 개념의 변천 / '칵테일'과 동일한 의미 → 트렌드 리더로

'믹솔리지는 1990년대에 생겨났다'라는 설이 많이 알려졌지만, 결코 새로운 것이 아니다. 조사한 바로는 1891년, 샌프란시스코의 칵테일 개척자라 불렸던 윌리엄 T. 부스비William T. Boothby가 쓴 『칵테일 부스비의 아메리칸 바텐더Cocktail Boothby's American Bartender』라는 책에서 믹솔로지라는 단어가 처음 발견되었다. 그 후부터 칵테일 북을 중심으로 각종 서적에 계속 등장하게 되는데, 다만 거기에 요즘 같은 '기성 개념을 뛰어넘은 새로운 칵테일'이라는 뉘앙스는 없다. 1948년 발행된 『메리엄 웹스터Merriam Webster 사전』에서는 믹솔로지를 '혼합 음료를 만드는 예술과 기능'이라고 정의하고 있다. 다시 말하면 '칵테일'의 또 다른 호칭으로서 거의 동일한 의미라 생각해도 좋을 듯하다.

지금과 같은 의미로 '믹솔로지', '믹솔로지스트'라는 단어가 각광을 받은 것은 2000년 전후의 일이다. 원래는 고전적인 단어가 새로운 개념을 얻자마자 단숨에 주목받았다. 새로운 스타의 탄생처럼 눈 깜짝할 사이에 세계의 바 업계(분야)를 석권하고, 수많은 바텐더가 스스로를 믹솔로지스트라고 칭하게 되었다.

거기서 새로운 칵테일의 붐이 일어난다. 처음에는 오로지 전위前衛를 향했다. 전에 없던 참신한 맛과 프레젠테이션이 생겨나고 사람들을 깜짝 놀라게 하는 칵테일이 잇따라 등장했다. 그렇지만 창작을 향한 흥미는 트렌드의 흐름과 함께 차츰 온고지신을 향해가게 된다. 칵테일의 기원과 역사에 초점을 맞춘 서적이 많이 출판되자 글로벌칵테일대회에서도 클래식 칵테일을 하나의 테마로 다루게 되었다. 그래서 대회에서 이기기 위해 옛 문헌을 찾아 읽고, 칵테일의 역사를 조사하는 일이 바텐더에게 필수가 되었다. 2010년 이후, 올드 패션드Old Fashioned, 사제락Sazerac, 네그로니Negroni 같은 클래식 칵테일이 세계적으로 인기가 높아졌다.

한편 믹솔로지라는 새로운 창작의 물결은 세계 구석구석까지 모든 재료를 향해 퍼져나가며 새로운 스타일을 만들어간다. 맛의 영역이 넓어지고 다양성이 늘면서, 말하자면 칵테일이라는 것을 성장시켰다. 전 세계를 여행하는 손님들도 각국의 유명 바에서 '경이롭고', '멋진' 칵테일을 찾았다. 이러한 흐름이 지금까지 칵테일 후진국이라고 불렸던 아프리카, 중동, 동남아시아에도 바 문화를 창조해내며 빠르게 성장해갔다.

칵테일 혁명이라고도 할 수 있는 다이너미즘[2] 이면에는 '글로벌칵테일대회'의 경쟁과 '정보와 기술 공유'를 목적으로 한 소셜네트워크서비스와 인터넷의 힘이 강하게 영향을 끼치고 있다. 칵테일대회에서는 항상 참신함이 요구되기 때문에 창작 칵테일의 의미 있는 스토리텔링, 매력 있는 리추얼 서비스Ritual Service를 포함한 프레젠테이션, 새로운 기술, 아이디어가 잇따라 탄생했다. 새로운 칵테일은 각종 소셜미디어와 유튜브에 올라가고, 탄생한 그날 내로 전 세계의 믹솔로지스트와 바텐더에게 공유되어 급격하게 혁신되어갔다.

## 2. 칵테일의 역사

믹솔로지라는 '새로운 칵테일'을 가리키는 키워드는 현재의 세계적인 칵테일 붐의 중요한 기점이 되었다. 그때부터 각종 트렌드가 생겨나는데, 그 면면을 살펴보기 전에 칵테일 역사의 근간을 이루는 전체 흐름을 알아볼 것이다.

### 1800년대, 칵테일의 탄생~제리 토마스의 시대

지금으로부터 215년 전. 1806년 5월 6일 자 뉴욕의 《더 밸런스The Balance》라는 신문의 기사 중에, 선거와 관련된 논평에서 비유를 든 내용 속에 '칵테일'이라는 단어가 등장한다. 그다음 주인 5월 13일에 기사의 의미를 묻는 독자를 위해 답변 기사가 실렸는데, 그 서두에 나오는 문장이다.

> 칵테일이란 자극적인 리큐어의 일종으로, 어떤 스피릿·설탕·물·비터스를 혼합시킨 것. 속칭 '비터드 슬링'이라고 한다.
> Cock tail, then in a stimulating liquor, composed of spirits of any kind, sugar, water and bitters it is vulgarly called a bitteredsling, …

이것이 현재 확인할 수 있는 것 가운데 가장 오래된 '칵테일을 정의한 문장'이라고 한다. 재미있는 것은 '슬링'이라는 단어가 당시에도 있었다는 사실이다. 여기서 말하는 비터드 슬링은 지금의 올드 패션드의 원형인 듯하다.

---

2 자연계의 근원은 힘이며, 힘이 모든 것의 원리라고 주장하는 설. 역동설(力動說)이라고도 한다.

1860년대, 프로페서Professor라 불렸던 제리 토마스Jerry Thomas가 칵테일을 크게 성장시켰다. 그의 저서 『바텐더 가이드The Bartender's Guide』에는 기초적인 기술과 레시피뿐 아니라 홈메이드 방법 등이 상세히 기록되어 있어 당시 바텐더들의 바이블로 널리 알려졌다. 당시에 얼음은 어떻게 입수했을까? 1800년대 초, 미국에서 프레더릭 튜더Frederic Tudor가 세계 최초로 천연 얼음의 채빙採氷·판매업에 성공했고 그 이후에 얼음이 유통되기 시작했다. 기계 제빙이 널리 퍼진 것은 1869년에 페르디낭 카레Ferdinand Carré가 미국 각지에 5개의 제빙 공장을 세운 이후의 일이다.

### 금주법의 시대

1920년 미국에서 금주법이 발령되자 다수의 바텐더가 유럽으로 건너갔다. 유럽에 칵테일 문화가 넘어온 것은 큰 사건이었지만, 그렇다고 미국의 칵테일 문화가 쇠퇴한 것은 아니었다. '광란의 1920년대'라고 일컬어졌던 미국에서는 오히려 음악과 칵테일 등의 문화적 요소가 비약적으로 성장했다. 술이 금지되자 사람들은 숨어서 술을 마시기 시작했다. 그러면서 정부의 눈을 피해 은신처 스타일의 바인 '스피크이지Speakeasy'가 끊임없이 만들어졌다. 밀주는 조악한 것이 많았는데, 그것을 어떻게 하면 마실 수 있게 만드는가 하는 목적에서 여러 가지 '조합'이 시도되었다. 아이러니하게도 후세에 전해진 다수의 클래식 칵테일이 이 시대에 태어났다.

스피크이지 대부분은 마피아가 운영하고 있었는데 주류만 제공하는 것이 아니라 그 시대의 오락과 밀회의 장소이기도 했다. 법의 눈을 피해 인간 본연의 욕망과 마주하는 '룸살롱'으로 활용됐으며 칵테일뿐 아니라 문학과 예술의 발신지가 되기도 했다.

금주법이 풀린 1933년 직후의 미국에서는 할리우드를 기점으로 레스토랑과 바 업계에 티키Tiki(폴리네시아 문화) 붐이 일었다. 마이타이Mai Tai처럼 럼을 베이스로 한 트로피컬 칵테일이 성행하기 시작했다.

### 2차 세계대전 후~칵테일의 대중화

2차 세계대전 후 15년이 지난 1960년대가 되자 현재 '클래식 칵테일'이라 불리는 것의 대부분이 등장하게 되었다. 화려한 시대를 반영한 펀치 칵테일 등 파티용 칵테일도 유행했다. 어느새 칵테일은 언더그라운드가 아니라 화려하고 휘황찬란한 장면의 대표로서 지위를 높여갔다.

### 1980년~1990년대, '모던 칵테일'

1987년 뉴욕에서는 'The king of cocktail'이라 불린 데일 드그로프Dale Degroff가 이끄는 팀이 록펠러센터의 레인보우 룸이라는 레스토랑에서 제리 토마스의 칵테일을 베이스로 한 칵테일을 모던하게 제공해 큰 주목을 받았다. 이것을 계기로 칵테일 문화가 더욱 발달하기 시작했다. 이때부터 '믹솔로지'라는 말이 들려오게 되었다.

1980년대 후반~1990년대 모던 칵테일의 '드라이한 경향'도 지적할 수 있다. 그 이전의 '달달한 칵테일'에 대한 부정적인 반응이 있었는데, 특히 쇼트 칵테일에 '드라이하고 산뜻하며 깔끔한 맛'을 원했다. 1990년대 TV 드라마의 영향으로 코스모폴리탄이 히트한 것도 업계의 이슈였다. 칵테일은 그때까지도 영화나 광고 속에서 소도구적인 역할에서만 주목받아왔는데 미디어의 영향력이 더욱 커진 시대임을 실감케 했다. 영화 007시리즈에 보드카 마티니, 마티니 온더록 스타일이 종종 등장해 일반 칵테일 마니아에게까지 널리 침투한 것은 그중 으뜸가는 것이었다.

## 2000년대~믹솔로지 시대의 도래

드디어 믹솔로지 칵테일이 본격적인 유행을 맞이한다.

칵테일의 변화는 먼저 샌프란시스코와 런던에서 비슷한 시기에 일어난 것으로 알려졌다. 그때까지의 칵테일은 기존의 리큐어를 이용해서 만드는 것이 상식으로, 바텐더에 의한 홈 메이드 재료는 거의 사용되지 않았다. 이것은 일본이나 유럽, 미국에서도 거의 마찬가지였다. 2000년 무렵 그런 제조 방식에 대해 런던의 호텔 바텐더들이 의문을 갖기 시작했다. '신선한 과일을 쉽게 구할 수 있는데도 왜 리큐어를 쓰는 걸까?'

그렇게 신선한 과일 마티니가 태어났다. 바텐더들은 칵테일 재료의 하나하나에 눈을 돌리기 시작했다. 상황에 맞게 시판 주스가 아닌 신선한 과일에서 과즙을 짜내고, 직접 향신료를 담그고, 기존 칵테일 레시피에 없는 채소·허브·과일도 사용해본다. 재료의 폭이 순식간에 넓어지면서 칵테일의 베리에이션도 확대되어갔다.

2000년대 들어서자 요리 업계에서 주목받는 기술과 사고방식이 칵테일의 세계에도 들어왔다. 예를 들면 진공조리, 텍스처의 다양성(무스 상태의 에스푸마Espuma, 에어Air라고 부르는 가벼운 거품, 젤리), 액체질소 방법 등으로 그것들을 가능하게 하는 기구·기계·재료가 많이 도입되었다. 당시의 혁신적인 요리들의 영향을 받아 믹솔로지스트들에게도 '새로운 칵테일을 창조하기 위해 새로운 방법을 탐구하는' 자세가 침투되어갔다.

새로운 장비와 재료 중에서 어떤 것은 홈 메이드 재료를 만드는 데 필요한 기본 수단이 되었고, 다양한 트렌드 칵테일을 만들어내는 데 기여했다. 물론 일시적으로 주목받았다가 어느 순간 자취를 감춘 것도 있다. 예를 들면 알긴산 나트륨과 각종 겔화 재료를 사용해서 칵테일을 젤리 또는 캐비어 모양으로 만드는 등 '형상을 변화'시킨 칵테일이 한때 주목받았지만, 결국 주류에 들지는 못했다. 칵테일은 얼마든지 자유롭게 표현할 수 있지만, 최종적으로 마시는 사람이 원하는 곳에서 멈춘다. 그렇지만 이러한 기술(흔히 분자 요리라고 불리는)도 칵테일의 기본 방법 가운데 하나가 되어 악센트용으로 쓰이는 등 널리 응용되고 있다.

## 3. 믹솔로지의 다양한 트렌드

### 트위스트 칵테일

최근 여러 스타일의 칵테일이 생겨났다. '클래식 칵테일'의 정반대에 있는 '몰레큘러 칵테일 Molecular Cocktail'(→ p.19)이라는 알기 쉬운 형태부터 '티키', '데커레이티브Decorative', '심플라이즈Simplize(단순화)' 등 다른 것과의 차별화를 노린 다양한 스타일이 생겨난 것이다. 그중에서 가장 큰 영향을 미친 것이 '트위스트 칵테일'이다.

'트위스트 칵테일'은 2009년 이후부터 세계칵테일경연대회에서 전형적인 주제가 되어 전 세계의 바텐더들이 고안하기 시작했다. 그 무렵, 시기를 같이해 패션 업계에서도 '레트로 시크 Retro Chic'라는 1950~1960년대의 스타일이 주목을 받으며 트렌드의 일부분이 되어 있었다. 패션의 흐름은 음악 등에도 이어지는 경향이 강해서 자연스레 문화 요소가 가까운 술에도 번지게 되었는데, 그 키워드가 바로 '트위스트'였다. '오래된 디자인의 본질을 살리면서 새롭게 리메이크한다'라는 의미에서 이 단어가 쓰이게 되었고, 칵테일 업계에서도 리메이크 칵테일을 트위스트 칵테일 또는 '~을 트위스트 해달라'고 말하게 되었다. 이제 '트위스트'라는 단어는 칵테일 제조의 기본 단어다.

이 트렌드는 스피크이지의 세계적인 붐과 연관이 깊다. 2008년부터 스피크이지, 즉 '금주법 시대(1920~1933)의 주류 밀매점' 스타일의 바가 유럽과 미국 등지에서 붐이 되었다. 당시와 마찬가지로 입구가 숨겨져 있어서 보통은 찾을 수 없다. 제한된 입구에서 암호나 비밀 장치를 풀고 문을 열면 눈부시게 화려한 바의 세계가 기다리고 있다. 그런 비밀스러운 공간을 의도적으로 현대에 되살려 모던하게 변신시킨 바가 세계적으로 대유행했다. 그 안에서 마실 수 있는 것은 1920년대 전후의 이른바 클래식 칵테일이지만, 그 이전의 1800년대의 빈티지 칵테일도 꽤 라인업되어 있었다. 당시의 레시피대로 제공되기도 했지만, 차별화를 위해서라는 것 이상으로 재료가 애초부터 다르기 때문에 예전 레시피대로는 균형이 잡히지 않아서 '리메이크 = 트위스트'하는 것이 일반적이었다.

스피크이지 스타일은 빅 트렌드가 되었고, 역사를 되돌아보는 계기도 되었으며 덕분에 다수의 클래식 칵테일 연구가 시작되면서 '리메이크 = 트위스트 칵테일'이 탄생한 것이다. 더불어

이 과정에서 1950년대, 엄밀하게 말하면 1930~1960년대까지 유행한 티키 칵테일의 전문 바도 다시 유행했다.

### 재료의 트렌드

믹솔로지스트에게는 재료에 대한 자신만의 철학이 있다. 이는 믹솔로지스트가 일관되게 유지하는 자세 가운데 하나다. 그 탐구심은 새로운 재료뿐 아니라 칵테일의 기본 재료인 스피릿[3], 리큐어, 술에 섞어 마시는 음료, 탄산수 등에도 뻗어나가 다양한 트렌드가 생겨났다.

스피릿에서 '주목할 만한 트렌드'는 2000년대 초 보드카부터 프리미엄 테킬라, 버번, 메스칼, 비터스, 진으로 여러 해마다 바뀌어왔다. 현재도 진 붐Gin Boom 속에 있다. 크래프트 진의 붐은 토닉워터처럼 술에 섞어 마시는 음료의 붐을 일으켜 지금도 다채롭게 등장하고 있다. 앞으로는 럼, 코냑, 허브 계열 리큐어, 오드비Eau de Vie 등의 붐이 등장할지 모른다.

재료 트렌드의 한 예로 비터스의 붐이 있다. 비터스란 식물의 쓴맛 성분을 술에 추출한 농축 리퀴드로, 오랜 옛날에는 소화제 느낌으로 마셨었다. 2010년쯤부터 클래식 칵테일의 트렌드와 더불어 다양한 비터스를 활용하는 것이 붐이 되었다. 비터스를 직접 만드는 바텐더가 생겨났고 칵테일의 개성을 좌우하는 부재료로 주목도 또한 높아졌다.

비터스는 쓴맛으로 맛을 잡아 입체적으로 만들거나 악센트로 더하는 것이었으나 지금은 플레이버에 따른 비터스가 많다. 라벤더, 카르다몸, 셀러리, 초콜릿, 와사비, 우마미 비터스 같은 것도 있다. 비터스라기보다는 팅크Tincture(향기에 특화된 농축액)에 가까운 것도 적지 않다.

### 테크닉의 트렌드

2000년 초까지는 '칵테일의 트렌드'란 '맛의 경향'과 '스타일'을 가리키는 것이었다. 예를 들어 1980년대 시작된 드라이한 칵테일이라는 트렌드는 맛의 경향 쪽에 가깝다고 할 수 있다. 1990년대 후반부터 극단적인 드라이 경향은 조금씩 수그러졌다. 같은 시기에 한 시대를 풍미했던 섹스 온 더 비치Sex On The Beach나 코스모폴리탄 등은 드라마와 광고의 아이콘이라는 '스타일적 요소'를 갖춘 인기 칵테일이었다. 어느 쪽이든 그 기술이나 테크닉이 트렌드가 되는 일은 없었다. 특수한 테크닉이나 기술이 아닌 일반적인 기술로 만들었기 때문이다. 테크닉 자체에 초점을 맞춘 것은 2005년 이후다.

2005년경 흔히 '분자 요리'라고 불리는 식품 공학의 기술을 응용한 신新조리 기법이 칵테일에

---

3 독한 술, 주정의 뜻을 포함한 증류주의 총칭.

넘어왔다. 몰레큘러 칵테일(분자 칵테일)이라는 장르로, '구체球體의 진토닉' 등 일반 기술로는 실현할 수 없는 형태와 텍스처를 가진 칵테일이 커다란 주목을 받았다. 그때부터 기술과 테크닉에 주목하기 시작했다.

액체질소를 사용한 프로즌 칵테일도 2012년 무렵부터 인기가 많아졌다. 그 후 로터리 에바포레이터(감압증류기), 원심분리기, 소닉 프렙Sonic Prep(초음파 발생 장치), 디하이드레이터(식품건조기) 등도 등장했다. 이 최신 장비들은 모두 고가이지만, 각 기기만의 특성을 살리면 특수한 재료를 만들 수 있다. 장비는 100만 엔(약 1,048만 원)이 훌쩍 넘으므로 사용하는 바텐더가 많다고는 할 수 없다. '누구나 사용할 수 있는 것은 아니다 = 트렌드'가 될 수는 없지만, 이 새로운 장비들을 통해 실현한 재료 또는 그것을 사용한 칵테일은 새로운 맛을 선사해 최근에 사람들을 놀래켰다. 최신 장비들은 용도 면에서 가능성이 무한하다. 앞으로도 사용될 것이고 장비 자체도 더욱 진화할 것이다.

### 소셜미디어와 유튜브의 영향

뉴테크놀로지 계열의 칵테일은 눈대중만으로 만들 수 없다. 전용 재료와 엄밀한 레시피로 만들어야 하기 때문인데, 페이스북과 유튜브를 통해 이것을 알기 쉽게 전할 수 있다. 페이스북에는 각종 매체에서 다루었던 칵테일 기사가 끊임없이 투고되고 있고, 정보는 항상 업데이트된다. 전 세계의 꽤 많은 바텐더가 프로 카메라맨을 고용해 칵테일 제조 영상을 찍고, 유튜브에 계속 업로드한다. 겔화제Gelling agent(→ p.98) 등 다수의 분자 요리계 재료를 판매하는 소사Sosa, 스모킹 건Smoking Gun 등을 취급하는 폴리사이언스Polysciences도 홍보를 위해 여러 제품의 영상을 제작해 업로드하고 있다. 관련 서적만으로는 이해하기 힘들었던 뉘앙스와 공정들은 영상 매체를 통해 확인할 수 있고 덕분에 궁금한 점들도 해소할 수 있다.

### 내추럴 지향, 환경 의식, 사회 공헌

2008년부터 현재까지 다양한 트렌드가 생겨났는데, 2017년 이후에는 새로운 단어도 등장했다. 바로 '서스테이너블Sustainable', '로컬라이즈Localize', '가든 투 글라스Garden to Glass'다.

분자 요리가 그러했듯이, 요리 업계의 트렌드는 시간 차는 있더라도 반드시 칵테일 업계에 영향을 끼친다. 더욱 내추럴하게, 환경 보존에 더욱 공헌해야 한다는 '서스테이너블' 의식도 믹솔로지스트에게 영향을 끼치고 있다. 어떤 바에서는 하루 폐기물을 100g 미만으로 하는 대책을 내놓는 등 용기와 재료를 연구해 환경 친화적인 칵테일을 만드는 방향을 고민하고 있다.

'로컬라이즈'란 지역의 문화를 칵테일에 반영하는 움직임을 의미한다. 요리 업계에서 자주 강조하는 '테루아Terroir'와 동일한 관점에서 그 땅에서만 마실 수 있고, 그 문화를 맛볼 수 있으며, 느낄 수 있는 칵테일을 요구하고 있다.

요리 업계의 '가든 투 글라스'는 '팜 투 테이블Farm to Table'이라는 콘셉트와 이어져 있다. 이 움직임을 통해 칵테일에 텃밭과 정원의 신선하고 다채로운 허브를 쓸 수 있게 되었다. 이런 트렌드는 크래프트 진의 붐과도 공통점이 있다고 생각한다. 지역성이 높은 다양한 보태니컬을 사용하는 크래프트 진이 주목받는 것과 맞물려 '보태니컬'에 대한 의식과 인기가 높아졌기 때문이다.

앞으로는 '건강'이 더욱 중요한 콘셉트로 떠오를 것이다. 알레르기 문제에 대한 해결, 당질糖質 제로에 가까운 칵테일 개발, 음주가 끼치는 건강 피해를 어떻게 회복할지도 논의해야 할 것이다. 순수하게 창작만 추구해온 칵테일이 점차 환경 문제와 건강 문제를 테마로 다루게 되었다. 이 흐름은 2020년대에도 이어질 것이다.

# 4. 스탠다드 칵테일과 믹솔로지 칵테일

## 스탠다드 칵테일 = '형식'을 지킨다

여기서 말하는 스탠다드 칵테일이란 2차 세계대전 전까지 만들어졌던 칵테일을 가리킨다. 마티니, 맨해튼, 김렛, 다이키리, 마르가리타Margarita, 알렉산더Alexander 등. 해외에서는 스탠다드 칵테일이라기보다 클래식 칵테일이라 부르며 범주는 거의 같으나 1800~1900년대를 빈티지 칵테일, 1900~1945년까지를 클래식 칵테일이라고 구분해 부르기도 한다. 라스트 워드Last word, 에이비에이션Aviation, 라모스 진 피즈Ramos Gin Fizz 등의 클래식 칵테일은 세계적으로는 유명하지만, 일본에서는 지명도가 그다지 높지 않다.

더욱이 '스탠다드 칵테일'이든 '클래식 칵테일'이든 '기본 칵테일'을 의미하므로 '고전'이라는 의미는 없다고 보면 된다. 오히려 기술과 조합의 스탠다드라는 의미가 강하다.

스탠다드 칵테일의 레시피에는 전부는 아니지만, 일정한 형식이 있다.
'3 : 1 : 1'이나 '4 : 1 : 1'의 밸런스가 가장 알기 쉽다.
(예) 브랜디 3 : 쿠앵트로 1 : 레몬 1
진 3 : 쿠앵트로 1 : 레몬 1

이 같은 전형적인 포맷이 존재하며 약간의 조정은 하지만 기본적으로 레시피를 자기 스타일로 재조합하거나 다른 것을 넣는 것은 터부로 여겨지고 있었다. 재구성을 하면 더는 스탠다드 칵테일이 아니라 만드는 사람의 오리지널 칵테일이라는 인식에서다. 어디까지나 기본 베이스를 지킨다는 것이 클래식 바텐더의 전통적인 자세이자 규칙이며, 슈하리[4]의 '슈' 부분이 매우 강하다.

스탠다드 칵테일은 기성품을 재료로 사용하고 홈 메이드 재료는 그다지 많이 쓰지 않는다. 그래서 칵테일이 널리 보급되었다고는 하지만, 한편으로는 기성품을 사용하지 않으면 칵테일의 맛을 일정하게 유지하기 어렵다는 측면도 추측할 수 있다.

---

4 검도에서 무공을 닦는 3단계의 과정으로, 첫 단계인 '슈(守)'는 '가르침을 지킨다'라는 의미로, 사부가 가르친 기본을 철저하게 연마하기 위해 자칫 지루할 수 있는 끝없는 반복과 연습을 거듭하는 단계를 말한다.

## 믹솔로지 칵테일 = 자유롭게 창조한다

그렇다면 믹솔로지 칵테일을 만드는 방법의 특징은 무엇일까. '딱히 정해져 있지 않다'.

2004년쯤 이런 말을 자주 들었다. "인공 감미료, 리큐어 등은 사용하지 않고, 프리미엄 스피릿과 자연의 재료만으로 만드는 칵테일이 믹솔로지 칵테일이다."

모 브랜드가 홍보를 위해 사용한 표현인데, 확실히 당시의 믹솔로지 칵테일은 그런 측면이 강했다. 단, 원래 믹솔로지 칵테일이란 만드는 방법에 제한이 없고 쓰는 기구도 자유롭다. 반드시 글라스만 써야 하는 건 아니라서 도기나 코코넛 그릇도 사용한다. 얼음을 그릇으로 쓸 때도 있고, 오브제나 화병을 글라스처럼 쓰기도 한다. 유일하게 바뀌지 않은 것은 셰이커, 믹싱 글라스, 바 스푼, 계량컵이다. 디자인이 미묘하게 바뀌어도 기능적인 부분이 눈에 띄게 바뀌는 경우는 드물다.

믹솔로지 칵테일은 '기존의 레시피에 얽매이지 않는다'는 점에서 스탠다드 칵테일과 결정적으로 다르다. 자유롭게 재료를 쓰고 자유롭게 추가하며 칵테일을 위해 필요하다면 진공조리기, 원심분리기, 증류기도 마다하지 않는다. 어디까지나 수단으로 장비와 재료를 사용하고, 원하는 맛을 위해 재료를 조리한다.

'지금 여기에 있는 것을 갈고닦는' 것이 스탠다드 칵테일이라면 '지금 여기에 없는 것을 만들고 구성하는' 것이 믹솔로지 칵테일이다.

# 제 2 장

# 칵테일의 기본 테크닉

'맛있는 칵테일과 맛없는 칵테일의 차이란 무엇일까.' 같은 재료 같은 배합인데 왜 만드는 사람에 따라 맛이 달라질까? 이것은 오랜 세월 동안 수많은 바텐더와 칵테일 애호가가 품어온 의문이다. 분량·도구·기술에 따라 차이가 난다는 사실은 알고 있다. 그렇다면 기술은 구체적으로 맛에 어떤 영향을 끼칠까? 맛있는 칵테일과 맛없는 칵테일은 구조적으로 무엇이 다를까? 이것은 클래식이냐 믹솔로지냐에 상관없이 칵테일의 근본적인 테마이자 바텐더가 해결해야 하는 중대한 과제다.

스터링Stirring, 셰이킹Shaking이라는 하나하나의 행위에 대해 검증할 시점이 필요하다는 사실을 언급해야겠다. 스터링이라면 액체의 온도, 얼음이 녹으면서 생긴 수분량, 액체들끼리 제대로 섞여 있는지 알아본다. 이 같은 요인에 따른 분자 결합의 차이를 알면 맛의 이유를 판명할 수 있을 것이다. 셰이킹은 액체의 온도, 공기의 함유량, 얼음이 녹으면서 생긴 수분량에 따라 차이가 나게 마련이다. 각각의 조건을 따져보면 어떤 상태가 최상인지 대강 알 수 있다. 이러한 관점에서 자신이 맛있다고 생각하는 칵테일이 만들어진 기초 조건을 조사해서 재현하고, 연속성이 있는지 검증한다. 이 과정을 통해 이상적인 맛을 언제든지 재현할 수 있도록 해둔다. 나아가 조건이 달라졌을 때 온도와 가수량[1]이 어떻게 달라지는지 파악하자. 그렇게 하면 여러 조건에서의 칵테일을 제조하는 데 도움이 된다.

제2장에서는 칵테일 제조의 기본 기술이 갖는 의미와 기법 포인트를 알아본다. 특히 스터링과 셰이킹은 나 나름의 검증·고찰 테마를 다루면서, 실제로 테스트한 실험 결과를 바탕으로 테크닉상의 포인트에 접근할 것이다.

① 유키와YUKIWA 셰이커 500㎖ ② 버디BIRDY 셰이커 500㎖ ③ 유키와 셰이커 360㎖ ④ 보스턴 셰이커(롱 틴 850㎖ / 쇼트 틴 530㎖) ⑤ 스테인리스 믹싱컵(버디) ⑥ 믹싱 글라스 ⑦·⑧ 계량컵 ⑨ 계량스푼 ⑩ 바스푼 ⑪ 머들러 ⑫ 스위즐 스틱 ⑬·⑭ 스트레이너(손잡이 유무에 따라) ⑮~⑱ 파인 스트레이너(거름망의 밀도·크기별) ⑲ 아이스 통 ⑳·㉑ 칼 ㉒ 중식도 ㉓ 막자사발과 금속 막자 ㉔ 세라믹 강판 ㉕ 마이크로플레인Microplane 그레이터(강판) ㉖ 시즐러SIZZLER 병마개 ㉗ 아이스픽 ㉘ 필러 ㉙ 스탬프

1 더하는 물의 양 또는 넣는 물의 양.

①
②
③
④
⑤
⑥
⑦
⑧
⑨
⑩

⑪
⑫
⑬
⑭
⑮
⑯
⑰
⑱
⑲

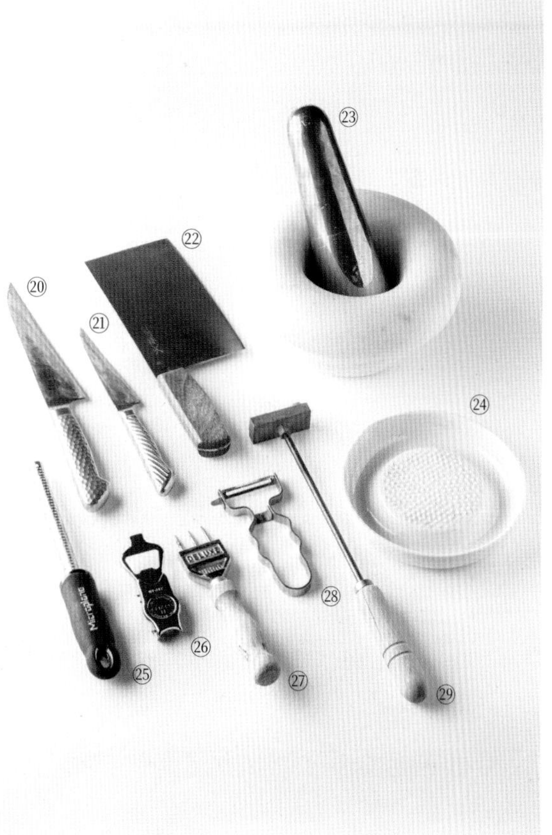
⑳
㉑
㉒
㉓
㉔
㉕
㉖
㉗
㉘
㉙

# 1. 스터링

### [스터링이란]

믹싱 글라스에 얼음과 액체를 함께 넣고 바 스푼으로 섞으면서 액체를 일체화시켜서 만드는 기법. 다음과 같은 칵테일을 추구한다.

- 공기를 함유하지 않는다
- 풍미가 뚜렷하고 깔끔하다
- 알코올의 점성을 살리고 싶다
- 알코올을 강하게 느끼게 하면서도 술맛은 부드럽게 하고 싶다

(예)
스터링에 적합하다 : 마티니, 맨해튼, 네그로니, 올드 패션드 등
스터링에 적합하지 않다 : 탄산 계열 칵테일, 크림 계열 칵테일, 과육을 넣은 과일 칵테일, 달걀이 들어간 칵테일 등

### [스터링 방법]

1. 재료를 시음용 글라스에 넣고 프리믹스한 다음 맛과 향을 확인하고 조정한다.

2. 믹싱 글라스에 얼음(부순 얼음)을 적당량(매회 같은 크기, 같은 개수가 이상적) 채운다. 겨울은 상온의 물, 여름은 냉장한 물을 부어 넣고 얼음을 가볍게 헹궈낸 뒤 버린다(= 린스).

＊ 린스의 목적은 얼음에 붙은 먼지 등의 불순물을 씻어내는 동시에 얼음 표면에 '물로 된 얇은 막'을 만드는 것이다. 찬물을 부으면 그 즉시 동결되어 얼음이 막에 둘러싸여 잘 녹지 않게 된다. 얼음끼리 붙어 있으면 바 스푼으로 두드려서 떼어내고, 여러 번 스터링해서 바 스푼이 깔끔하게 돌아가는지 확인한다.

3. 얼음 위에 프리믹스한 칵테일을 한 바퀴 돌려가며 부은 뒤 나머지를 얼음 사이로 부어 넣는다. 알코올이 액체에 닿으면 희석열稀釋熱이 발생해 일반적으로 온도가 3℃ 올라가기 때문에 얼음이 쉽게 녹는다. 한 바퀴만 빙 둘러 부어서 표면을 녹이고 얼음으로부터의 가수加水가 시작되도록 한다.

＊ 얼음을 피해 전량을 부으면 얼음 표면은 녹지 않고 거의 굳어진 채로, 즉 얼음으로부터의 가수량이 아주 적어져 칵테일로서 알코올이 독하게 느껴지게 된다. 얼음으로부터의 가수는 일정량 필요하다. 가수를 촉진하는 방법은 바텐더마다 다르다. 나는 언급한 방법을 쓰

고 있지만, 처음부터 어느 정도 녹기 시작한 얼음을 쓰는 편이 조정하기 쉽다는 사람도 있고, 딱딱하게 굳은 상태에서 오래 스터링해야 맛이 더 좋다는 사람도 있다.

프리믹스한 칵테일을 일단 한 바퀴 빙 둘러 붓고(왼쪽), 나머지는 얼음과 얼음 사이에 붓는다(오른쪽).

4. 얼음을 '한 덩어리'라고 생각하면서 처음에는 중간 속도로 스터링한다. 단, 얼음이 달그락 달그락 움직이지 않도록 한다. 이 과정에서 얼음이 많이 움직이면 접촉에 의한 마찰열이 발생해 필요 이상으로 녹으니 주의한다. 도중에 스터링 속도를 줄이고 마지막에 느리게 여러 번 스터링한다. 스트레이너로 얼음이 움직이지 않도록 누른 상태에서 글라스에 천천히 따른다.

* 후반에 속도를 늦춰서 천천히 스터링함으로써 액체가 점성을 어느 정도 유지한 상태, 즉 단맛이 느껴지는 듯한 부드러운 술맛으로 완성할 수 있다. 빠르게 스터링하다가 갑자기 멈추는 방법으로 만들면 액체는 섞여도 가수량은 조절하기 어렵다.

### [알코올의 점성]

알코올은 물과 달리 '점성'이 있다. 거기에 어느 정도 가수하고 조정하느냐에 따라 술맛이 달라지고 풍미도 달라진다.

술의 종류별 점도의 차이를 알아보자.

- 위스키(알코올 도수 43%) : 3mPas
- 일본주(알코올 도수 19~20% 미만) : 2.52mPas
- 와인(알코올 도수 11%) : 1.84mPas
- 맥주(알코올 도수 4.5%) : 1.67mPas

'mPas'는 '밀리파스칼초Millipascal-seconds'라는 점성을 나타내는 단위. 숫자가 클수록 점성이 높다. 순수[2]의 20℃ 이하에서의 점성은 1.002mPas. 언급한 알코올 도수의 범위 내에서는 알코올이 강한 술이 점성이 더 높은, 즉 맛이 순하고 부드럽다는 것을 알 수 있다.

단, 알코올 도수가 높을수록 점성이 높은 것만은 아니다. 에탄올, 메탄올, 프로판올은 40~60%가 가장 점도가 높고 그 전후로 내려간다는 사실을 알 수 있다. 에탄올 수용액(= 주류)은 45% 부근이 점도의 최고치로, 수분량이 늘어 알코올 도수가 내려가면서 액체는 점성을 잃고 말 그대로 '싱겁게' 되어간다.

같은 도수라도 온도에 따라 점성은 변한다. 절대 영도[3] 이하에서는 물의 분자가 응고해 유동성이 사라지고 점성이 높아진다. 즉 레시피대로 조합해도 '얼음으로부터의 가수 = 최종적인 알코올 농도'와 '온도'를 어떻게 컨트롤하느냐에 따라 입에 넣었을 때의 순함과 맛의 인상이 달라진다. 거기에 스터링의 기술이 있다.

---

2 부유물이나 불순물이 거의 섞이지 않은 깨끗한 물.

3 절대 온도의 기준 온도. 영하 273.15℃로, 이상 기체의 부피가 이론상 0이 되는 점이다.

에탄올 수용액의 점도(mPas)

| ℃ | 0wt% | 10wt% | 20wt% | 30wt% | 40wt% | 50wt% | 60wt% | 70wt% | 80wt% | 90wt% | 100wt% |
|---|---|---|---|---|---|---|---|---|---|---|---|
| 80 | 0.355 | 0.430 | 0.505 | 0.567 | 0.601 | 0.612 | 0.604 | | | | |
| 75 | 0.378 | 0.476 | 0.559 | 0.624 | 0.663 | 0.672 | 0.663 | 0.636 | 0.600 | 0.536 | 0.471 |
| 70 | 0.404 | 0.514 | 0.608 | 0.683 | 0.727 | 0.740 | 0.729 | 0.695 | 0.650 | 0.589 | 0.504 |
| 65 | 0.434 | 0.554 | 0.666 | 0.752 | 0.802 | 0.818 | 0.806 | 0.766 | 0.711 | 0.641 | 0.551 |
| 60 | 0.467 | 0.609 | 0.736 | 0.834 | 0.893 | 0.913 | 0.902 | 0.856 | 0.789 | 0.704 | 0.592 |
| 55 | 0.504 | 0.663 | 0.814 | 0.929 | 0.998 | 1.020 | 0.997 | 0.943 | 0.867 | 0.764 | 0.644 |
| 50 | 0.547 | 0.734 | 0.907 | 1.050 | 1.132 | 1.155 | 1.127 | 1.062 | 0.968 | 0.848 | 0.702 |
| 45 | 0.596 | 0.812 | 1.015 | 1.189 | 1.289 | 1.294 | 1.271 | 1.189 | 1.081 | 0.939 | 0.764 |
| 40 | 0.653 | 0.907 | 1.160 | 1.368 | 1.482 | 1.499 | 1.447 | 1.344 | 1.203 | 1.035 | 0.834 |
| 35 | 0.719 | 1.006 | 1.332 | 1.580 | 1.720 | 1.720 | 1.660 | 1.529 | 1.355 | 1.147 | 0.914 |
| 30 | 0.797 | 1.160 | 1.553 | 1.870 | 2.020 | 2.020 | 1.930 | 1.767 | 1.531 | 1.279 | 1.003 |
| 25 | 0.890 | 1.323 | 1.815 | 2.180 | 2.350 | 2.400 | 2.240 | 2.037 | 1.748 | 1.424 | 1.096 |
| 20 | 1.002 | 1.538 | 2.183 | 2.710 | 2.910 | 2.870 | 2.670 | 2.370 | 2.008 | 1.610 | 1.200 |
| 15 | 1.138 | 1.792 | 2.618 | 3.260 | 3.530 | 3.440 | 3.140 | 2.770 | 2.309 | 1.802 | 1.332 |
| 10 | 1.307 | 2.179 | 3.165 | 4.050 | 4.390 | 4.180 | 3.770 | 3.268 | 2.710 | 2.101 | 1.466 |
| 5 | 1.519 | 2.577 | 4.065 | 5.290 | 5.590 | 5.260 | 4.630 | 3.906 | 3.125 | 2.309 | 1.623 |
| 0 | 1.792 | 3.311 | 5.319 | 6.940 | 7.140 | 6.580 | 5.750 | 4.762 | 3.690 | 2.732 | 1.773 |
| −10 | | | 9.310 | 12.700 | 12.900 | 11.200 | 9.060 | 6.990 | 4.970 | 3.710 | 2.220 |
| −20 | | | | 26.500 | 25.700 | 20.700 | 15.500 | 11.000 | 7.620 | 5.040 | 2.820 |
| −30 | | | | | 58.300 | 42.800 | 28.600 | 18.500 | 11.800 | 7.210 | 3.600 |
| −40 | | | | | | | 58.300 | 33.600 | 19.000 | 10.500 | 4.710 |
| −50 | | | | | | | | | | | 6.440 |
| −60 | | | | | | | | | | | 8.500 |
| −70 | | | | | | | | | | | 11.780 |

일반사단법인 알코올협회 '에탄올의 물성치(物性値)'(www.alcohol.jp/sub4.html)에서 인용[출처 : 일본기계학회 편, 『기술 자료 유체(流體)의 열물성치집(熱物性値集)』, 1983, p.436, p.474 ; 일본화학회 편, 『화학 편람 기초 편』(개정 5판), 2012, p.II-49].

* 0℃ 이하는 알코올 전매사업 특별회계 연구개발조사 위탁비에 따른 「알코올의 냉매·축냉제에의 응용 기술에 관한 연구 개발」(2000) p.19 ; 「물성연구회 총괄보고서」(2001) p.23에서의 측정 결과와, 란돌트-번스타인(Landolt-Boernstein)으로부터 작성. 순수(純水)의 수치는 『화학 편람』에 따른다.

### [스터링 포인트 : 검증·고찰]

스터링의 목적은 ① 냉각 ② 가수加水 ③ 액체의 일체화(분자 결합)다.

사람에게 맛있게 느껴지는 온도는 체온의 ±25~30℃라고 알려져 있다. 체온을 36.5℃라고 가정하면 쿨 칵테일은 6.5~11.5℃, 핫 칵테일은 61.5~66.5℃가 된다. 쿨 칵테일은 '재료·도구·스터링'을 각각 어떤 컨디션에서 만들어야 최적일까? 마티니를 예로 들어 재료 온도와 믹싱에 사용하는 용기(유리 또는 스테인리스)의 조건을 바꿔가며 스터링으로 마무리, 완성할 때의 온도와 얼음으로부터의 가수량을 비교해보았다.

**【실험】 마티니 : 재료 온도·도구에 따른 완성 온도와 가수량**

레시피　진 / 텐커레이 넘버 텐 … 55㎖
노일리 프랏 드라이 … 5㎖
오렌지 비터스 … 1dash
(총량 약 60㎖)

조건　부순 얼음(−20℃, 약 3.5㎝ 크기의 각얼음) × 5개
미네랄워터(상온)로 얼음을 1회 린스
약 60회 스터링

결과

| 구분 | 스터링 전의 온도 | 스터링 후의 온도 | 스터링 후의 총량 | 얼음으로부터의 가수량 |
|---|---|---|---|---|
| ① 모든 재료 상온 | G : 19.2℃<br>S : 18.6℃ | 1.6℃<br>0.5℃ | 79.7ml<br>73.6ml | 19.7ml<br>13.6ml |
| ② 모든 재료 냉장 | G : 6.2℃<br>S : 6.3℃ | −0.3℃<br>−1.3℃ | 74.0ml<br>67.4ml | 14ml<br>7.4ml |
| ③ 진 냉동<br>베르무트 냉장 | G : −8.4℃<br>S : −10.9℃ | −2.8℃<br>−5.3℃ | 65.8ml<br>61.9ml | 5.8ml<br>1.9ml |

* G = 유리 믹싱 글라스, S = 스테인리스 믹싱 컵(버디)
* 냉장 2°C, 냉동 -25°C, 실내 19°C로 설정한 경우

MEMO

① G　가수량 많게, 온도는 높게. 향기가 진한 것에 좋을지도.
① S / ② G 가수량은 알맞으나 온도는 더 낮은 편이 좋다.
② S　온도는 쾌적하나 가수량이 부족하다. 좀 더 스터링해야 할까?
③ G　가수량이 부족하다. 스터링 횟수를 더 늘려야 할 듯.

③ S　온도가 낮고, 무겁게 느껴진다. 가수량은 턱없이 부족하다.

■ 고찰

온도에 관한 조건은 ①~③의 3가지 패턴, 믹싱 용기에 따라 2가지 패턴이 있으며 최종적인 칵테일 온도에서 약 7℃ 차가 난다. 얼음으로부터의 가수량은 약 17㎖ 차이. 이만큼 다르면 분명하다.

얼음으로부터의 가수량부터 살펴보자. 일본의 대부분 바는 진을 냉동, 마티니도 냉동한 진을 사용한다. ③에 해당하는 것이지만 스테인리스 믹싱 컵으로 만들면 겨우 1.9㎖밖에 가수되지 않는다. 이것이라면 거의 '진과 베르무트[4] 그 자체'로, 가수에 따른 부드러운 맛은 나지 않고 술맛은 무거우며 알코올감이 첫 번째로 느껴진다.

가수량은 ① 유리가 19.7㎖로 가장 많다. 너무 많은 것 같지만 실제로는 향기도 나고 마시기 쉽다. 다음으로 ① 스테인리스 ② 유리 모두 14㎖ 전후로, 개인적으로는 이 정도 수치일 때의 맛이 최적이라 느껴졌다. 가수량이 10㎖를 밑돌면 알코올이 강하게 느껴진다.

다음은 스터링 후의 온도다. 1.6℃(① 유리)부터 −5.3℃(③ 스테인리스)로, 최대 6.9℃의 차이가 있다. 어느 쪽이든 '차갑다'라고 느껴지는 온도 범위이긴 하나, 마셔보면 −2.8℃(③ 유리) 정도부터 술맛이 진하게 느껴진다. 온도가 낮으면 점성이 강해져서 진하게 느껴지고, 반대로 온도가 높으면 향기는 쉽게 나지만 그만큼 싱거워진다. 술맛과 차가움의 밸런스를 잡으면 −0.3~−1.5℃가 좋다고 생각한다.

■ 정리 : 이상적인 마티니를 만들기 위한 조건

- 진과 베르무트 둘 다 냉장이거나 진은 상온, 베르무트는 냉장이어도 가능
- 얼음은 −20℃ 이상에서 냉동 보관한 것을 약 5개(~7개) 사용
- 린스는 재료가 상온이면 찬물, 냉동 재료가 있다면 상온수로
- 스터링은 유리라면 약 60회, 스테인리스라면 100회 정도
- 얼음으로부터의 가수량은 14㎖ 전후를 목표로 한다
- 온도는 −1℃ 전후를 기준으로 한다

이번에는 도구를 살펴본다. 스테인리스 믹싱 컵의 이점은 잘 차가워지고, 얼음이 쉽게 녹지

---

4　알코올성 음료의 하나로, 포도주에 브랜디나 중성 알코올을 넣고 약재나 향료를 가미해서 만든 리큐어.

않도록 해준다는 것이다. 얼음에서 가수하지 않고도 액체 자체를 차갑게 하는 데 적합하다는 말이다. 만약 재료를 상온부터 시작한다면 스테인리스가 이상적인 마티니(→ p.31)에 근접하다. 다만, 그 경우에는 가수량이 적으니 보통 60회나 80~100회를 기준으로 스터링할 것을 권장한다.

유리는 60회도 좋지만, 되도록 믹싱 글라스를 차갑게 한 다음 스터링하는 것이 좋다. 물론 항상 정해진 도구와 방법을 써야 가장 좋으나 다른 조건에서 칵테일을 만들 수도 있다. 그 경우엔 표(→ p.30)를 참고하기 바란다.

■ 참고(이토 마나부 스페셜 마티니)

지금까지 믹솔로지그룹의 클래식 칵테일 총괄책임자인 이토 마나부伊藤學가 만든 마티니(스페셜 버전)를 기점으로 했다. '마시기 좋고', '알코올의 자극적인 맛이 느껴지지 않는', '향기 좋은' 마티니로, 하나의 이상적인 맛이라 생각한다. 계측하고 완성 온도 −1℃ 전후, 가수량 13㎖ 전후에 접근하려면 어떻게 하면 좋은가 하는 관점에서 검증해나갔다.

레시피 2000년대 고든스 … 45㎖
1950년대 고든스 … 5㎖
1930년대 고든스 오렌지 진 … 2drops
1980년대 + 요즘의 노일리 프랏을 블렌딩한 것 … 10㎖

결과

| 구분 | 스터링 전의 온도 | 스터링 후의 온도 | 스터링 후의 총량 | 얼음으로부터의 가수량 |
|---|---|---|---|---|
| 상온 블렌디드 진<br>냉장 블렌디드 베르무트<br>(얼음 7개, 스터링 약 60회) | G : 19.9℃ | −1.4℃ | 72.8ml | 12.8ml |

# 2. 셰이킹

### [셰이킹이란]

셰이커에 액체와 얼음을 넣고 셰이킹하는(흔드는) 것으로, 재료를 휘저어 섞어 공기를 포함시키면서 조합하는 기법이다. 유제품이나 퓌레처럼 혼합하기 힘든 칵테일을 확실히 섞을 수 있다. 알코올이 강한 칵테일은 공기를 포함시킴으로써 맛을 부드럽게 만들 수 있다.

(예)

셰이킹에 적합하다 : 과일 칵테일, 사워 칵테일, 달걀을 사용하는 칵테일, 초콜릿 계열 등 점성이 강한 칵테일, 알코올이 강한 사워 계열의 칵테일 등

셰이킹에 적합하지 않다 : 탄산이 들어가는 칵테일

여기서는 '셰이킹은 이렇게 해야만 한다'는 식의 매뉴얼은 규정하지 않는다. 100명의 바텐더가 있다면 셰이킹 방법도 100가지가 된다. 셰이킹의 기본은 코블러 셰이커를 사용한 2단 흔들기다. 코블러 셰이커는 비틀기나 손목의 스냅을 추가해 더욱 복잡하게 셰이커 속에서 얼음을 움직여 액체 안의 마이크로버블Microbubbles이라 불리는 아주 작은 기포를 함유시킨다. 이렇게 하면 칵테일의 맛이 부드러워지는 동시에 액체 표면에 거품이 일어나 텍스처가 생긴다.

### [거품 형성을 중시한다면]

사워 계열, 크림 계열의 칵테일 셰이킹은 반드시 셰이킹을 하기 전에 프로더Frother나 핸드믹서로 휘젓는다. 사워 계열 칵테일은 거품을 형성하는 데 큰 차이가 생기므로 반드시 먼저 휘젓는다.

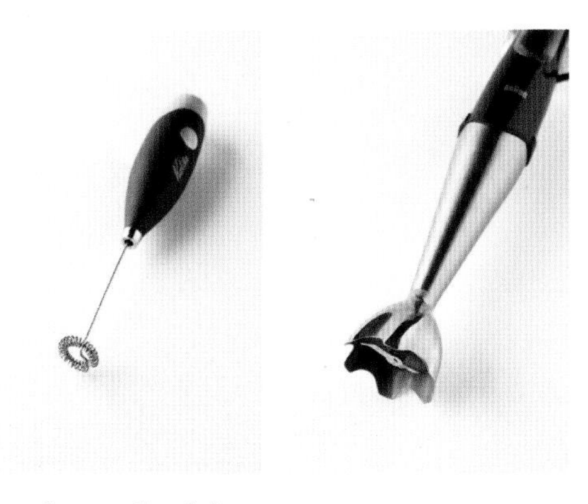

프로더(왼쪽), 핸드믹서(오른쪽)

거품이 잘 생성되게 하는 방법에는 여러 가지가 있다.

- 셰이킹하기 전에 얼음을 넣지 않고 셰이킹한다 = 드라이 셰이킹
- 드라이 셰이킹할 때, 거품이 더 잘 생기게 셰이커에 스트레이너의 스프링을 넣는다
- 드라이 셰이킹 대신 핸드믹서로 휘젓는다
- 셰이킹한 뒤에 액체만 다른 셰이커에 넣고 한 번 더 셰이킹한다

나는 핸드믹서를 사용해서 휘젓는 것이 가장 간단하고 거품도 깔끔하게 생성된다고 생각한다.

**【실험】셰이킹 방법에 따른 거품 형성 비교**

실제로 사워 칵테일을 3가지 방법으로 만들어서 비교해보았다.

① 드라이 셰이킹 → 얼음을 넣고 셰이킹
② 스프링을 넣고 셰이킹 → 얼음을 넣고 셰이킹
③ 핸드블렌더로 휘젓기 → 얼음을 넣고 셰이킹

거품이 형성된 상태(풍성함·부드러움)는 ① 〈 ② 〈 ③이 되었다.

### [셰이킹 포인트 : 검증·고찰]

'보스턴 셰이커는 코블러 셰이커보다 얼음으로부터의 가수량이 많아서 싱거워지기 쉽다'라는 정설이 있다. 과연 그럴까.

셰이커 종류에 따라 완성도는 실제로 어떻게 달라질까. 얼음 종류에 따른 완성도 차이를 검증해보았다. 셰이커는 2피스(보스턴 셰이커)와 3피스(버디 셰이커, 유키와 셰이커)로 비교했고, 얼음은 부순 얼음과 제빙기로 만든 큐브드 아이스로 비교했다.[5]

---

5 우리나라, 유럽과 미국에서는 보스터 셰이커Boston Shaker(2피스), 코블러 셰이커Cobbler Shaker(3피스)로 표기하고 사용하고 있다.

a 메탈 보스턴 셰이커(850㎖ 틴, 530㎖ 틴)
b 버디 셰이커(500㎖)
c 유키와 셰이커 B(360㎖)

**【실험】 다이키리 : 얼음의 조건과 셰이커에 따른 완성 온도와 가수량**

레시피 바카디 슈페리어(냉동) … 45㎖
라임주스(냉장) … 15㎖
슈거 시럽(상온) … 10㎖

조건 셰이킹 전의 액체 온도 1.4~2.0℃(약간 오차 있음)
부순 얼음(약 3.5㎝ 크기의 각얼음)
약 35회 셰이킹

결과

| [부순 얼음 6개 220g]<br>* ③만 5개 180g | 셰이킹 후의 온도 | 셰이킹 후의 총량 | 얼음으로부터의 가수량 |
|---|---|---|---|
| ① 메탈 보스턴 셰이커 (850㎖, 530㎖) | −7.8℃ | 63.4ml | 3.4ml |
| ② 버디 셰이커 (500㎖) | −6.0℃ | 70.3ml | 10.3ml |
| ③ 유키와 셰이커 C (230㎖) | −5.2℃ | 76.0ml | 16.0ml |

| [제빙기 얼음 230g]<br>* ⑥만 151g | 셰이킹 후의 온도 | 셰이킹 후의 총량 | 얼음으로부터의 가수량 | 부순 얼음과의 가수량 차이 |
|---|---|---|---|---|
| ④ 메탈 보스턴 셰이커 (850㎖, 530㎖) | −0.8℃ | 95.3ml | 35.3ml | +31.9ml |
| ⑤ 버디 셰이커 (500㎖) | −0.7℃ | 95.9ml | 35.9ml | +25.6ml |
| ⑥ 유키와 셰이커 B (360㎖) | −0.4℃ | 95.8ml | 34.8ml | +18.8ml |

MEMO

- ①과 ②는 셰이킹 후, 쇼트 틴 안에 약 5㎖의 액체가 남아 있었다.
- 얼음이 가장 많이 부서진 것은 ①. 이어서 ④, ② 순이었다. 단, 부서지는 것과 가수되는 것은 똑같지 않았다.

부순 얼음(왼쪽), 제빙기로 만든 큐브드 아이스(오른쪽)

■ 결과

해외에서는 셰이킹할 때 기본적으로 부순 얼음을 쓰지 않는다. 셰이킹 횟수도 많아 손님에게 서빙하는 시간에 맞출 수 없어 큐브드 아이스를 대개 사용한다. 일본에서는 제빙기로 만든 큐브드 아이스로 셰이킹을 하면 싱거워지므로 부순 얼음으로 셰이킹하는 분위기이며, 이번 수치는 그것이 옳은 판단이라는 사실을 알려주고 있다. 얼음으로부터의 가수량(= 얼음이 녹기 쉬운 정도) 차이는 분명하다.

특히 보스턴 셰이커에 부순 얼음을 사용하니(①) 가수량이 아주 적었다(= 얼음이 녹지 않았다). 나도 틀렸나 싶어서 몇 차례 다시 시도했지만, 결과는 똑같이 단 3.4㎖였다. 온도도 가장 낮았다. 유키와 셰이커 B가 얼음 양은 가장 적은데 가수량이 많은(③) 것은 아마 셰이커에 손이 닿는 면적이 가장 커서 손의 온도로 인해 방열放熱되기 때문일 것이다. 이 셰이커는 최대한 손바닥을 대지 않고 손가락으로만 셰이커를 받칠 필요가 있다.

제빙기로 만든 큐브드 아이스는 셰이커 종류에 따른 얼음으로부터의 가수량 변화는 거의 볼 수 없었다. 단, 가수량 자체는 35㎖ 전후로 많이 녹은 셈이다. 셰이킹 후의 온도는 대체로 −1℃ 전후로, 이것도 부순 얼음과 차이가 분명하다.

맛은 어떨까. ①~③은 온도는 굉장히 차가워져서 좋았지만 ①과 ②는 가수량이 턱없이 부족했고 알코올도 진하게 느껴졌다. ③에서도 아직 부족하고 알코올이 목에 걸리는 것처럼 느껴졌다. ④~⑥의 풍미는 ⑤가 맛있었으나 온도가 조금 더 낮은 편이 좋았다.

■ 정리

예전부터 얼음은 녹지 않게 하라고 배웠지만, 꼭 그렇지만도 않다는 것을 알 수 있다.

- 알코올 함유량이 많은 클래식 칵테일은 어느 정도 가수량이 필요하다.
- 그러나 제빙기의 얼음이라면 30㎖ 이상의 가수량은 너무 많아서 싱겁게 느껴진다.
- 부순 얼음은 잘 녹지 않아 가수량이 부족해지기 쉽다. 셰이커 크기나 셰이킹 횟수로 조정하면 좋다.
- 결론적으로 유키와 B를 '약간 오래 40~45회 셰이킹'해서 만드는 것이 적합하다. '버디 셰이커 / 부순 얼음'은 유키와 B보다 1.5배 이상 더 오래 셰이킹하는 것을 추천한다.

제빙기의 얼음을 사용하면 가수량이 많아진다. 즉, 제빙기의 얼음 사용이 전제라면 산미와 단맛을 제대로 넣어야 싱겁지 않다. 해외에서 재료 총량 80㎖나 100㎖의 다이키리를 만들 때는 의외로 이치에 맞아서 총량에 대한 얼음으로부터의 가수 비율은 낮아지게 된다.

- 셰이킹 전의 총량이 80㎖ 이상인 '마시기 쉬운 칵테일'은 제빙기의 얼음으로 셰이킹하면 맛있게 완성할 수 있다. 그때 셰이커에 따른 가수량의 차이는 거의 없다.

■ 보충

이후에도 여러 조건을 바꾸어 만들어보았다. '산미를 사용한 칵테일로 완성 온도를 −6℃ 전후'로 상정한 경우, 단맛보다 산미를 살려서 야무진 인상을 부각시키는 편이 더욱 맛있게 느껴진다. 시럽을 줄여서 5㎖로 조정하면 산미가 살아나 더욱 맛있어진다. 결국 '45, 15, 1tsp.'이라는 다이키리의 기본 레시피로 되돌아오게 된다. 이상한 일이다. 이것을 부순 얼음으로 만든다면 보스턴 셰이커로는 가수량이 턱없이 부족하고 버디 셰이커로도 부족하다. 유키와 B가 가장 맛있게 완성되었다.

## 3. 스로잉

### [스로잉이란]

스로잉Throwing은 조합한 액체를, 양손에 든 틴에서 틴으로 높낮이 차를 두고 옮겨 따라줌으로써 공기를 함유시키면서 완성해가는 칵테일 제조법이다. 스페인의 바텐더가 탄생시켰다는(셰리의 베넨시아도르[6]의 영향일까) 설이 있으나, 1800년대 제리 토마스가 고안한 블루 블레이저Blue Blazer가 최초로 스로잉을 사용해서 만든 칵테일이라 할 수 있을 것이다.

(예)

스페인의 일부 바에서는 쇼트 칵테일을 대부분 스로잉으로 만든다고 한다. 일반적으로 스터링으로 만드는 칵테일 중에 스로잉으로 바꿔서 만들면 재미있는 것이 있다. 맨해튼, 마티니, 네그로니, 사이드카Side Car 등. 우유 계열, 비어 플립Beer Flip, 블러디 메리를 스로잉으로 만들면 텍스처가 꽤 달라지므로 추천한다.

### [스로잉의 목적과 포인트]

이 동작은 중동과 아시아에서 차이[7]를 컵에 따를 때 하는 행동과 흡사하다. 실제로 밀크티를 이렇게 만들면 공기가 액체에 가득 들어가 맛이 아주 부드러워진다. 특히 당분이 꽤 많고 농도가 진한 액체는 스로잉에 의해 그 진함이 부드러워지고 맛도 더 부드러워진다.

스로Throw함(= 공기 중에 던짐)으로써 액체는 공기에 최대한 닿고, 틴에 들어갈 때 생기는 거품으로 인해 공기를 함유한다. 그것에 의해 술맛이 변하는 것이다. 단순히 마시기 쉽게 하는 것 이상으로, 무거운 것을 가볍고 매끄럽게 해주며 새로운 텍스처를 만드는 것이 이 기법의 목적이다. 그러기 위해서 거품 형성과 틴에 떨어진 후의 대류가 중요하다. 최대한 높낮이에

6 Venenciador. (포도주 시음용의 손잡이가 달린 작은 잔으로) 포도주를 시음하는 사람.

7 우유와 여러 향신료를 넣고 끓여 마시는 인도식 홍차.

차이를 두어 떨어뜨리고, 아래에서 기다리는 틴의 '앞쪽 바닥'을 향해 넣으면 대류도 잘 되고 고루 섞이면서 공기도 함유된다.

## 4. 빌딩

### [빌딩이란]

빌딩Building은 글라스에 직접 액체를 넣어 칵테일을 만드는 방법으로, 재료가 2~3종인 칵테일, 탄산류가 들어가는 칵테일이 많다. 단순하지만 섞는 순서, 바 스푼으로 섞는 방법에 따라 크게 달라진다. 종종 "처음 가는 바는 진토닉을 마시면 그 기량을 알 수 있다"라는 말을 듣게 된다. 간단한 테크닉이야말로 다수의 규칙과 주의 사항이 있기 마련이다.

(예)

하이볼Highball, 진토닉, 진 리키Gin Rickey, 아메리카노, 모스코 뮬Moscow Mule 등

### [빌딩 포인트]

탄산 계열 롱 드링크의 빌딩을 설명한다. 자주 예로 드는 빌딩 기술의 포인트는 3가지다.

1. 얼음에 액체가 닿지 않게 따른다
2. 탄산류는 따를 때의 힘을 이용해서 대류로 섞는다
3. 탄산은 너무 많이 날아가지 않도록 가볍게 섞는다

언급한 3가지 포인트는 '주의'만 하면 가능한 것이다. 특별한 기술이 아니다. 그렇다면 빌딩의 기술이란 무엇인가? '액체 따르는 법, 섞는 법에 따라 풍미가 달라진다'는 것을 대전제로 한다. 이것을 이해하고 원하는 풍미를 위해서 최적인 방법을 선택해 잘 활용하면 된다.

■ 바 스푼 사용법 : 가스 압력과 산미 조절

진토닉과 하이볼은 "최대한 섞지 않고 탄산을 남겨서 만드는 것이 좋다"라고 한다. 그러나 '섞는 방법의 디테일'이 중요하다.

탄산 칵테일은 탄산의 가스 압력과 산미의 조절에 따라 풍미가 달라진다. 탄산은 약산성이므로 칵테일에 탄산만의 독특한 산미가 더해지며, 가스에 의한 상쾌감을 얻을 수 있다. 빌딩을 통해 가스를 제거하거나 남김으로써 술맛을 조절할 수 있다. 맥주 따르는 방법에 거품 없이 따르기, 한 번 따르기, 두 번 따르기 등의 기술이 있는데 이것도 가스 압력을 조절해 맥주의 풍미를 바꾸는 기술이다. 빌딩의 탄산 빼는 법, 섞는 법 또한 비슷한 점이 있다.

관건은 바 스푼을 사용하는 법에 있다. 바 스푼을 사용해 섞는 방법도 여러 가지다.

1. 바 스푼을 가볍게 1회전시켜서 대류만으로 섞는다(탄산을 최대한 남기고자 할 경우)
2. 바 스푼으로 글라스 하단을 두드렸다가 상단으로 올린다 → 글라스 중간쯤에서 힘차게 회전시켜 대류를 일으킨다(하이볼처럼 산을 조금 빼내면서 단맛을 내고 싶은 경우)
3. 바 스푼을 위아래로 거칠게 움직여 일부러 탄산을 날리면서 섞는다(산은 날리고 단맛을 끌어올려서 전체를 조화시킨다)
4. 바 스푼을 사용해서 얼음을 위아래로 움직여 반동으로 섞는다(비중이 무거운 것을 섞을 때)

탄산에는 톡 쏘는 산미가 미량 있다. 바 스푼으로 확실하게 대류를 만들면서 섞으면 탄산감을 남기면서도 이 산미를 빼낼 수 있다. 하이볼이라면 위스키의 단맛을 두드러지게 하고 싶을 때 유효하다. 제대로 뒤섞어서 산을 빼내면 위스키의 풍미를 느낄 수 있게끔 완성된다. 진토닉이라면 라임을 넣고 달그락거리며 거칠게 섞어도 산이 억제된다. 단, 너무 거칠게 섞으면 탄산감까지 날아가니 얼마나 절묘한 포인트로 탄산감을 남기면서 산을 빼느냐가 빌딩 기술의 인상 깊은 부분이라고 할 수 있다.

■ 얼음의 구성 방법

얼음의 구성 방법에 따라서도 맛이 달라진다. 커다란 얼음 1개로 만들면 베이스 술의 맛이 깔끔하게 느껴지고, 작은 얼음 여러 개로 만들면 탄산의 상쾌감이 강하게 느껴진다. 부피가 동일하다고 가정했을 경우, '큰 얼음 × 적은 개수'인 쪽이 탄산에 대한 간섭이 적고 가스도 조금 발생하기 때문이다(→ p.109). 탄산을 어떻게 표현하고 싶은지에 따라 얼음을 몇 개, 어느 상태에서 사용할지에 대한 선택이 달라지고 바 스푼 사용법도 달라진다.

■ 정리

빌딩으로 칵테일을 만들 때 고려해야 할 점은 3가지다.

① 그 칵테일의 풍미를 어떻게 느끼게 하고 싶은가
② 얼음을 어떤 종류와 크기로 몇 개 사용할 것인가
③ 탄산을 날릴까 말까, 과즙을 넣을까 말까

## 5. 블렌더 / 프로즌 칵테일

### [블렌더로 만드는 칵테일이란]

1950년 블렌더(믹서)가 등장하면서 다이키리 등의 프로즌 칵테일이 생겨났고 블렌더가 칵테일 제조의 한 기법으로 자리 잡게 되었다. 액체를 얼음과 함께 블렌더에 넣어 셔벗 상태의 프로즌 칵테일로 만든다. 현재는 얼기 직전의 스무디 상태로 대부분 완성한다.

블렌더로 만드는 칵테일의 포인트다.

- 액체량, 얼음의 양과 종류, 블렌더의 출력이 중요하다.
- 과일을 사용하면 과육이 액화되면서 전체적으로 걸쭉해진다.
- 일반적으로 크러시드 아이스Crushed Ice를 쓰지만 통얼음을 칼로 깎아서 생기는 자잘한 얼음을 따로 보관했다가 프로즌 칵테일에 쓰면 매끄럽고 부서짐 없는 상태로 완성할 수 있다.

### [블렌더]

블렌더는 프로즌 칵테일 외에 다양한 용도로 쓰인다. 예전에는 해밀턴비치Hamilton Beach의 바 블렌더가 주류였으나 최근에는 핸드블렌더의 사용이 늘었다. 수분이 많은 채소나 과일을 블렌더로 휘저은 뒤 그대로 사용함으로써 재료가 살아 있는 칵테일로 완성하기도 한다. 초콜릿의 유화도 핸드블렌더로 휘저으면 빠르게 진행할 수 있다.

핸드블렌더에는 여러 제품이 있는데, 그중 바믹스Barmix의 블렌더는 파워가 강하고 헤드가 작아서 쇼트 틴에 들어가기 때문에 사용하기 쉽다. 무선 타입은 파워는 약간 떨어져도 장소에 구애받지 않고 쓸 수 있어 편리하다.

# 제 3 장

# 믹솔로지 방법 : 재료 · 기법 · 기구

믹솔로지는 대개 '뉴테크놀로지를 잘 활용한 칵테일'로 본다. 그러나 최신 기계를 사용하고 있었다고 해도 어디까지나 '더욱 퓨어하고 클리어한 풍미의 칵테일', '재료의 신선함이 살아 있는 칵테일', '새로운 인상과 스토리가 있는 칵테일'을 만들기 위함이며 그 자체가 목적은 아니다. 제3장에서는 믹솔로지 시점에서 칵테일의 재료와 테크닉을 설명한다. 믹솔로지를 받쳐주는 기본 테크닉은 무엇인지, 칵테일의 폭을 넓히는 재료(술 이외)와 테크놀로지에는 어떤 것이 있는지 실례와 방법을 소개한다.

## 1. 글라스

### [글라스 형태에 따른 풍미]

칵테일글라스는 '형태'와 '목적'에 맞게 골라야 한다.

흔히 어떤 글라스를 쓰느냐에 따라 맛이 달라진다고 한다. 정말로 맛은 달라진다. 쵸쿠[1]와 구이노미[2]로도 차이가 나고, 쿠프 글라스와 마티니 글라스로도 차이가 난다. 글라스의 두께에 따라 달라지는 것은 물론이고 두께가 같아도 입에 닿는 부분의 형태에 따라 풍미가 달라진다. 왜 달라질까.

글라스 테두리의 형태에 따라 입술과 혀의 위치 관계가 결정되고, 그것에 의해 액체가 입속으로 흘러들어 오는 '속도'가 달라진다. 그 속도와 유입 방법이 풍미와 밀접하게 관계있는 것이다.

사진(→ p.45)을 보면, 왼쪽은 입구의 지름이 보디보다 오므라져 있다(= 부르고뉴형). 오른쪽은 테두리가 밖으로 젖혀져 있다(= 튤립형). 2개의 글라스에 입을 대보면 입술과 혀의 위치 관계가 다르다는 사실을 깨닫게 될 것이다. 여러 가지 글라스를 좀 더 자세히 알아보자.

- 부르고뉴형을 입에 대면 혀 끝부분이 아랫잇몸의 안쪽에 닿아 혀 전체로 액체를 받아들이는 듯한 포지션이 된다. 액체는 혀에 올라타듯이 천천히 흘러온다. 이 타입은 단맛이 강하게 느껴진다.

- 튤립형을 입에 대면, 글라스의 테두리가 입술의 곡선에 딱 맞게 올라타서 입술을 누르는 모양새가 되고 혀는 올라간 상태가 된다. 액체는 혀의 아래쪽을 지나 양 끝으로 흘러간다. 이 타입은 산미, 과실맛, 떫은맛을 더욱 느낄 수 있다.

---

1 猪口. 작은 사기잔.

2 ぐい呑み. 크고 운두가 높은 술잔.

① 사워 글라스Sour Glass ② 마티니 글라스 ③ 텀블러 ④ 텀블러(하이볼용) ⑤ 롱 텀블러 ⑥ 록 글라스 Rock Glass(= 올드 패션드 글라스) ⑦ 더블월 글라스 ⑧ 아이리시 커피 글라스 ⑨ 스트레이트 글라스 ⑩ 코냑 글라스 ⑪ 와인글라스(보르도 타입) ⑫ 와인글라스(부르고뉴 타입) ⑬ 와인글라스(튤립형) ⑭ 플루트 글라스

- 마티니 글라스는 입에 액체가 들어올 때 글라스의 테두리와 혀가 평행에 가까운 각도가 되고, 액체가 혀의 끝부분에서 잠시 멈출 정도로 느려진다. 혀의 끝부분에서 받아들이도록 해서 액체가 조금씩 들어와 양 끝으로 흘러간다. 덕분에 단맛도 느껴지지만, 쓴맛도 느끼기 쉬워진다. 이 글라스로 액체를 많이 마시려고 하면 혀는 피하듯이 약간 올라가고 액체가 그 아래로 흐른다. 만약 혀가 올라가지 않으면 단번에 목구멍으로 흘러 들어가게 되고 강한 알코올감 때문에 십중팔구 목이 따가워질 것이다. 마티니 같은 강한 칵테일을 천천히 맛보게 해준다는 점에서 이 글라스는 아주 합리적인 형태라고 할 수 있다.

- 쿠프 글라스처럼 테두리가 둥그스름하다면 액체가 입의 바로 앞쪽에서 멈추고, 혀끝이 액체를 빨아들이듯이 움직여야 혀가 약간 윗부분으로 움직이면서 혀의 한가운데를 지나 액체가 속으로 들어온다. 따라서 단맛을 느끼기 가장 쉽다. 액체는 혀 위로 천천히 흘러가면서 퍼져가는 편이 감칠맛과 단맛을 느끼기 좋다.

- 글라스의 각도가 급경사진 것, 즉 플루트 글라스나 스트레이트형 콜린스 글라스는 액체가 입속으로 똑바로 들어와서 혀의 중간 정도에 착지한 뒤 그대로 목구멍 속으로 흘러 들어간다. 목 넘김이 잘 느껴져서 탄산류를 마실 때 적합하다.

### [글라스를 고르는 요령]

혀의 움직임과 유입 각도, 그 후의 액체의 흐름을 가미해가면 어떤 글라스가 어떤 칵테일에 적합한지 알 수 있다. 간단하게 정리하면 다음과 같다.

① 튤립형처럼 입구 지름이 바깥쪽으로 젖혀져 있는 칵테일글라스는 산미 계열에 적합하다.
② 마티니, 맨해튼처럼 알코올이 강한 칵테일은 단맛을 강하게 내고 싶다면 둥그스름한 형태의 칵테일글라스를, 밸런스 있게 맛보고 싶다면 마티니 글라스를 사용한다.
③ 니트 글라스Neat Glass(스트레이트한 록 타입)와 부르고뉴 글라스는 마실 때 혀가 정면으로 오고, 혀끝과 아주 가까운 곳부터 중앙으로 액체가 지나가므로 단맛을 느끼고자 하는 칵테일용에 사용한다.
④ 텀블러, 스트레이트형 콜린스 글라스, 플루트 글라스는 마실 때 각도에 따라 액체가 힘차게 흘러들어 오므로 목 넘김을 느끼고자 하는 칵테일용에 사용한다.

'○○○ 칵테일은 ○○○ 글라스'라고 단정 짓지 않는 것이 중요하다. 만든 칵테일을 일단 한 가지 글라스로 테스트 삼아 마셔본 뒤 2가지 정도의 다른 글라스에 나누어 마셔보고 맛을 비교해 결정하면 좋다. 산미가 있는 칵테일을 일부러 둥그스름한 칵테일글라스에 부어서 함유된 산미를 약간 적게 함과 동시에 단맛을 느낄 수 있게 하는 것도 한 방법이다. 입구가 밖으로 젖혀진 산미 지향적인 칵테일글라스에 단맛이 있는 칵테일을 넣고 그 속에 담겨 있는 은은한 산미를 느끼게 하는 것도 또 하나의 방법이다.

1901년 독일의 의사 보링Edwin G. Boring이 만든 '혀의 미각 지도'는 잘못 만들어진 것이다. 혀 위에는 1만 개 정도의 미뢰(맛봉오리)가 있는데 혀의 어느 부분이든 5가지 맛(신맛, 쓴맛, 매운맛, 단맛, 짠맛)을 느낄 수 있다. 모든 미뢰에는 5가지 맛에 대응하는 미각 세포가 5종 존재하는 것으로 알고 있지만, 입의 어느 부분이 강하게 작용하는지는 아직 알려져 있지 않다. 그렇지만 확실히 혀의 안쪽에서는 쓴맛을, 양 끝에서는 타닌과 떫은맛을 느낀다. 혀끝이 마비되면 다른 맛을 알기 어려워진다.

자신의 감각을 바탕으로 검증해보고 어떤 글라스가 원하는 맛을 가장 잘 표현하는지 생각해서 고르는 것이 가장 좋다.

믹솔로지 칵테일에 사용하는 개성적인 글라스와 컵 스타일의 예. 각 칵테일의 스토리에 맞춰 재미있는 디자인, 자연 소재, 앤티크, 원래 글라스가 아닌 것 등 프레젠테이션에 관한 아이디어를 구상한다.

## 2. 얼음

일본의 바는 '투명한 얼음'을 사용한다. 여과한 원수原水를 에어펌프를 설치한 아이스박스(얼음을 만드는 상자)에 넣고, 에어펌프의 공기로 휘저으면서 −8～−10℃에서 72시간에 걸쳐 서서히 얼리면 공기와 불순물의 함유량이 적은 커다란 결정의 얼음이 생긴다. 이것이 '잘 녹지 않는 얼음'이다.

순수한 얼음을 쓸 수 없다면 수돗물을 끓여서 석회와 공기를 제거하고 얼린다. 그러면 비교적 투명한 얼음이 생긴다. 이때(냉동고와 얼음 용기의 사이즈가 클 경우이긴 하나) 에어펌프를 용기 속에 넣을 수 있다면 가장 좋다.

**[얼음의 역할]**

얼음의 역할은 크게 3가지다.

① 차갑게 한다

② 가수加水한다(물을 더한다)

③ 맛을 더한다

②의 '가수한다'는 '얼음이 녹는다 = 칵테일에 물이 늘어난다'는 의미다. 제2장에서 언급했듯이 칵테일에 가수량이 미치는 영향은 크다.(→ p.26～32)

**[얼음의 표면을 깎는 이유]**

얼음의 표면을 깎아내는 이유는 보기에 좋아서가 아니라 얼음의 상태가 액체의 혼합 방법의 속도나 질에 영향을 미치기 때문이라고 생각한다. 움푹 패어 있는 깊은 볼에 생크림을 넣고 거품기로 섞는 것과 깨끗한 볼에 섞는 것과는 완성되는 휘핑크림에 차이가 없을까? 거칠거칠한 얼음으로 달그락달그락 소리를 내면서 스터링하는 것은 오목한 볼에서 섞는 것에 가깝다. 최대한 얼음의 단면을 매끄럽게 마무리해야 맛이 깔끔해진다.

**[얼음의 크기]**

칵테일의 목적에 따라 얼음의 크기와 형태를 달리해야 한다. 같은 부피라도 얼음의 표면적이 늘어나면 그만큼 가수도와 냉각도가 높아지는 것은 물론 얼음의 형태에 따라 맛 자체도 달라진다. 깔끔하게 모서리를 쳐낸 얼음은 액체에 대해 '간섭하는 부분'이 적어서 탄산감은 더욱 강하게, 플레이버는 깔끔하게 느껴진다.(얼음과 탄산 관계 → p.109)

① 반으로 자른 통얼음 ② 록 아이스Rock Ice ③ 브릴리언트 아이스Brilliant Ice(팔면체) ④ 아이스 볼 ⑤ 부순 얼음(약 3.5㎝ 크기로 깎은 각얼음) ⑥ 큐브드 아이스(제빙기로 만든 정육면체 얼음) ⑦ 크러시드 아이스 ⑧ 셰이브드 아이스Shaved Ice ⑨ 꽃 모양 얼음 ⑩ 플라워 아이스Flower Ice ⑪ 플레이버드 아이스

### [얼음의 탄력 : 쉽게 깨지는 얼음 vs. 잘 안 깨지는 얼음]

얼음의 탄력은 물에 의해 생겨난다. 탄력이 있는 얼음은 잘 깨지지 않고 탄력이 없는 얼음은 쉽게 깨진다. 큐브드 아이스는 빨리 녹아서 탄력이 있고 비교적 깨지지 않는다. 가장 탄력이 없고 무른 것은 '-20℃ 전후의 성에가 끼어 있는 얼음'이다. 이 얼음은 표면에 수분이 거의 없어 강하게 셰이킹하면 절반 이상이 깎여 나간다. 부순 얼음으로 셰이킹한다면 물로 한 번 씻거나 스토커Stoker에서 미리 꺼내둔다. 표면이 약간 젖은 상태가 가장 단단하다.

### [플레이버드 아이스의 가능성]

플레이버드 아이스Flavored Ice란 코코넛 밀크, 커피 등 어떤 맛을 가진 액체로 만든 얼음을 말한다. 손이 많이 가고 다 사용하면 즉석에서 다시 만들 수 없다는 단점이 있지만, 풍미에 변화를 줄 수 있고 유지할 수 있다는 측면에서는 쓸 만하다.

플레이버드 아이스가 녹기 시작하면 칵테일의 맛이 변하기 때문에 풍미가 대리석 무늬처럼 번져나가는 상태가 되어 마시는 부분에 따라 맛이 달라진다. 녹는 속도, 풍미의 변화를 테스트해보고 플레이버드 아이스를 칵테일에 사용하면 좋다. 블랙 러시안Black Russian을 코코넛 밀크의 아이스 볼Ice Ball로 만들거나 진 피즈 같은 칵테일에 토마토 워터로 만든 얼음을 쓰면 처음과 중간에 맛의 변화를 줄 수 있다. 칵테일 한 잔에 쓰는 얼음의 전부가 아니라 3개 중 1개만 사용하는 방법도 추천한다.

# 3. 칵테일에 개성을 더하는 재료

## (1) 소금

### [칵테일에 주로 쓰는 소금]

- 플뢰르 드 셀Fleur de Sel(프랑스 게랑드산 천일염) : 결정이 크고 감칠맛이 있으며 짠맛이 너무 강하지 않다. 표준적으로 사용하는 것.
- 모시오藻塩 : 염분 농도가 낮고 감칠맛이 강하다. 아미노산이 느껴지는 칵테일에 감칠맛을 더하고 싶을 때 사용.
- 각종 플레이버 솔트 : 칵테일의 악센트나 서브 플레이버로 사용한다. 우마미 솔트, 타마린드 솔트, 트러플 솔트, 베르가못 솔트, 카시스 솔트, 스모크 솔트 등.

### [소금 사용법]

칵테일에 소금을 사용하는 이유는 솔티 도그Salty Dog나 마르가리타를 예로 들 필요도 없이 꽤 오래전부터 해왔던 것이지만 섬세하게 쓰면 더 폭넓고 미묘한 악센트를 칵테일에 부여할 수 있기 때문이다.

#### ① 글라스의 림에 묻힌다(= Rimmed)

글라스의 림(테두리)에 레몬즙을 발라두고 그 위에 소금 알갱이를 묻힌다. 입속에 칵테일이 들어옴과 거의 동시에 짠맛을 느끼게 하고 싶을 때 이 방법을 택한다. 글라스 형태에 따라 다르긴 하지만, 알갱이는 너무 크지도 너무 작지도 않아야 한다. 소금 알갱이의 개수를 생각해서 묻혀야 한다. 요리에 소금이 너무 많이 들어가면 짜서 먹기 힘든 것처럼 림에 너무 많이 묻힌 소금은 칵테일을 망치는 요인이다.

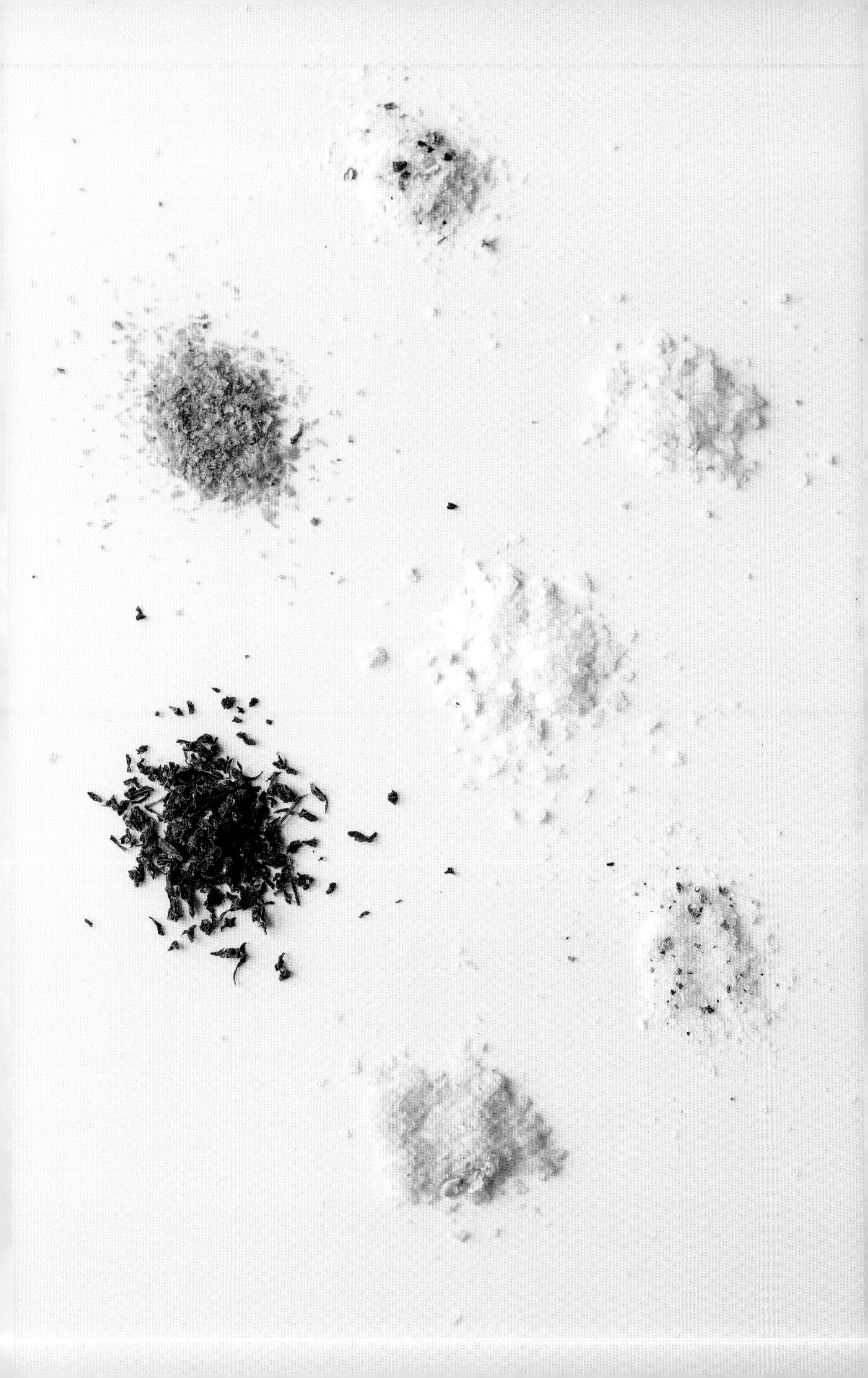

### ② 소량을 칵테일에 녹아들게 한다

짠맛은 맛의 윤곽을 또렷하게 해준다. 짠맛을 더한다기보다는 미네랄감을 더하거나 맛에 특색을 주고 싶을 때 사용한다. 게다가 냉각 속도도 빨라진다.

### ③ 표면에 뿌린다

짠맛이 느껴지는 부분을 한정하거나 아예 액체 표면의 흐름에 맡긴다. 마시는 도중에 문득 짠맛이 느껴지게 해서 악센트가 되도록 한다.

### ④ 거품 모양을 만들어 띄운다

에스푸마로 소금물을 거품 느낌의 폼[3]으로 만들어 칵테일 표면에 띄워서 사용한다. 소금이 직접 입에 들어가는 것에 비해 폼 상태로 된 거품의 텍스처가 짠맛을 부드럽게 느끼게 한다. 레시틴과 소금물을 섞은 뒤 에어펌프로 버블 모양의 거품을 만드는 방법도 있다(솔트 에어Salt Air). 에어는 커다란 거품 상태이니 입속에서 터지면서 금세 사라진다. 짠맛을 아주 조금만 느끼게 할 경우 사용한다. 맛이라기보다 소금의 '향'을 느끼게 하는 뉘앙스다.

솔트 에스푸마 만드는 법

소금 6g, 미네랄워터 300㎖, 젤라틴 3.3g을 잘 섞은 뒤 에스푸마 사이펀(→ p.90)에 넣어 가스($CO_2$ 또는 $N_2O$)를 주입하고, 잘 흔들어서 가스와 어우러지게 한다. 약 24시간 냉장고에서 차갑게 한 뒤 사용 직전에 위아래로 잘 흔든다.

3 액체가 흩어져서 널리 퍼져 만들어지는 기포 형태의 물체. 폼(Foam)은 함기성이 높아 보온성이 좋으며, 가볍고 탄성 또한 좋다.

솔트 에어 만드는 법

용기에 소금 8g, 미네랄워터 300㎖, 분말 레시틴 2g을 넣고 잘 섞은 뒤 에어펌프로 공기를 보내서 거품을 만든다. 과립 형태의 레시틴은 잘 녹지 않으니 분말을 추천한다.

## (2) 감미료

### [칵테일에 자주 쓰는 감미료]

■ 설탕

그래뉴당[4], 와산본 설탕和三盆糖(일본 전통 설탕), 슈거 파우더(분당粉糖, 가루 설탕), 무스코바도Muscovado 설탕(비정제 사탕수수 원당으로, 과립과 시럽이 있다)

■ 시럽·꿀류

심플 시럽(물 : 설탕 = 1 : 1), 흑당 시럽, 메이플 시럽, 아가베 허니, 플레이버 시럽, 각종 꿀

■ 각종 코디얼Cordial

허브·꽃·과일 등을 시럽에 재운 농축 음료

### [단맛 사용 포인트]

설탕 종류로는 사탕수수당(설탕), 포도당, 과당 등이 대표적이다. 과당은 당류 중에서도 가장 달며 차갑게 하면 단맛이 강하게 느껴지지만, 여운이 남지 않는다. 사탕수수당은 차갑게 하면 단맛이 더 누그러진다. 칵테일에 쓰는 시럽류는 대개 사탕수수당이다. 다만, 과당이 주성

---

4 결정 입자를 가장 작게 정제한 설탕. 당분은 99.8% 이상이며 음료수나 통조림, 과자 따위의 제조에 쓰인다.

분이고 극소량의 포도당이 섞여 있는 아가베 넥타는 단맛의 여운이 남지 않았으면 할 때 사용한다.

맛에 단맛을 더하면 볼륨이 살아나거나 원만해진다. 그러므로 칵테일에는 '산미 → 단맛'의 순서로 첨가하는 것을 추천한다. '산을 첨가함으로써 맛이 강해진 부분을 단맛으로 감싸는' 이미지다.

칵테일에는 대개 리큐어, 시럽, 베르무트 등 당을 함유한 것을 사용한다. 그래서 단맛을 총량으로 파악하는 것이 중요하다. 시럽류, 주스류의 당도를 알려면 굴절계를 사용하면 좋다. 당도의 수치를 한눈에 알 수 있고, 단맛을 조절하는 기준이 된다. 다만, 단일의 알코올이나 칵테일은 굴절계로 측정할 수 없다. 알코올 자체가 굴절하므로 정확한 수치가 나오지 않는다.

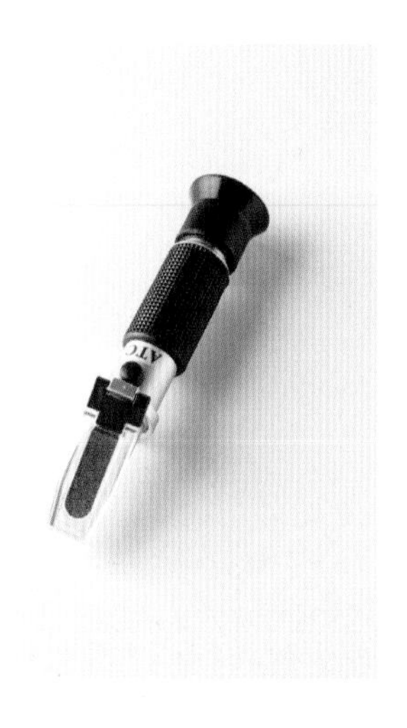


### [시럽]

칵테일에는 설탕보다 시럽을 사용하는 경우가 압도적으로 많다.

■ 홈 메이드 시럽을 만들 때 유의점

설탕을 부피로 측정하면 잘못 계측할 수 있다. 그래뉴당과 물은 밀도가 다르다. 그래뉴당의 밀도는 1㎖당 0.84g. 물 : 설탕을 1 : 1로 맞추려면 500㎖의 물에 그래뉴당 420g을 넣는다. 이것을 굴절계로 측정하면 브릭스Brix값이 50(1 : 1)이 된다.

■ 시럽 고르는 법

꿀, 메이플 시럽, 플레이버 시럽은 감미료이자 플레이버로서의 역할 요소가 강하므로 메인 재료와의 궁합을 고려해서 고른다. 심플한 칵테일이라면 메인 플레이버로(예를 들면 바닐라 시럽

으로 만드는 바닐라 다이키리 등), 메인 플레이버가 따로 있다면 서브 역할에 맞게 고른다. 더욱이 꿀은 단독으로 다루기 어려우므로 물을 넣어 '허니 시럽'으로 만들어 쓰고 있다. 메이플 시럽은 그대로 사용한다.

■ 시럽 베리에이션

코디얼

단어의 의미는 '몸을 위한 것'으로, 각종 허브와 향신료 등에서 성분을 추출해 만드는 전통적인 자양강장 시럽을 의미한다. 요즘은 보태니컬 계열의 시럽을 가리키는 단어로 쓰이고 있다. 칵테일에서는 허브, 플라워 계열의 풍미만으로는 맛의 윤곽이 희미해지는 경향이 있기 때문에 구연산을 첨가해 '산미가 있는 보태니컬 시럽'으로 쓰고 있다.

뜨거운 물에 타마린드의 과육 페이스트를 넣어 묽게

'산미가 있는 시럽'으로 새콤달콤한 맛을 더하고 싶을 때 첨가한다. 타마린드는 아프리카가 원산지인 콩과 식물이다. 단맛과 함께 강한 산미가 있는 열매는 페이스트 상태의 과육을 얻을 수 있다.

시판 드링크류를 졸여서 홈 메이드 시럽으로

기네스나 토닉도 졸이고 당을 첨가하면 시럽이 된다. 술 풍미의 시럽은 술을 끓이면 향이 날아가므로 베이스 시럽을 약간 졸인 뒤 마지막에 몇 ㎖를 첨가해 묽게 하면 술 향기가 살아 있는 동시에 알코올이 알맞게 날아간 상태로 완성된다. 애플 슈럽Apple Shrub에 버번을 마지막으로 넣거나 석류 시럽에 숙성시킨 칼바도스를 마지막으로 조금 넣으면 맛이 있다.

## (3) 향신료·조미료 등

향신료·조미료류(→ p.60~61)는 칵테일의 풍미에 변화와 악센트를 더해주는 존재다. 사용법은 다음과 같다. ① 주류나 시럽에 담가 플레이버를 옮긴다(인퓨징 → p.64), ② 칵테일에 직접 띄우거나 곁들인다.

### [향신료류]

향신료는 대부분이 건조된 상태라서, 즉 수분이 없어서 주류에 장시간 담글 수 있다.

향신료를 더욱 효율 좋게 추출하려면 빻는 것이 좋다. 막자사발 같은 도구를 사용해서 최대한 곱게 빻고 단면을 늘려놓는다. 표면적이 넓을수록 추출 속도와 농도는 늘어난다. 단, 가루가 될 때까지 빻으면 나중에 필터로 거를 때 시간이 걸리니 주의한다. 시럽이나 술에 담근다면 막자사발로 잘게 빻는 것이 작업 효율이 좋다. 한편 향이 매우 강한 향신료는 통으로 사용하는 것이 좋을 수도 있다. 예를 들면 스타 아니스, 쿠민, 페퍼류. 하지만 통향신료가 들어 있는 칵테일은 마시기 어려우니 손님에게 제공할 때는 꺼낸다.

일본에서는 생 향신료를 보는 일이 적지만 인도나 동남아시아, 중동에 갈 기회가 있다면 꼭 가공 전의 생 향신료류를 맛보길 바란다. 재료가 어떤 맛으로부터 변화해왔는지 알게 된다면 맛의 세계관이 확장될 것이다. 재배되고 있는 토지의 기후와 풍토를 느끼는 것도 마찬가지다.

각 향신료는 반쯤 건조된 상태만 아니라면 실리카 겔(건조제)을 넣어 눅눅해지지 않게 한 뒤 밀폐 용기나 지퍼락에 넣어 보관한다.

### [주목할 만한 재료]

■ 기

기Ghee는 발효 무염 버터를 끓여서 수분과 단백질을 제거한 순수한 유지방(퓨어 오일)을 말한다. 오래전부터 인도를 중심으로 한 남아시아에서 만들어왔다. 안티에이징, 디톡스 효과가 있다. 버터 워시(→ p.74)를 할 때나 핫 칵테일에 사용한다.

■ 가쓰오부시

다시出汁 계열의 칵테일에 가쓰오부시(가다랑어포)를 깎아서 표면에 뿌리는 등의 방법으로 쓸 수 있다. 즉석에서 담가도 향기가 별로 나오지 않으므로 미리 다시를 만들고 당을 추가해 시럽으로 만들거나 담가서 다시 스피릿으로 만든다. 가쓰오부시는 담그기 직전에 깎는다. 시럽에 인퓨징Infusing할 때는 더욱 진하게 추출할 수 있는 작은 알갱이 타입이 좋다.

■ 홉

다년생 식물인 홉Hop은 암그루에 '구화毬花'라고 불리는 솔방울같이 생긴 꽃이 핀다. 이 구화가 맥주 쓴맛의 원료다.

홉은 쓴맛의 첨가(비터링Bitterling)와 화려한 향기(아로마Aroma)라는 2가지 용도로 쓰인다. 품종이 다양하며, 쓴맛의 강약은 구화에 포함된 알파산의 수치로 나타낸다. 알파산의 수치가 클수록 쓴맛이 강하다. 칵테일에는 캐스케이드Cascade(알파산 4~7%)가 좋다. 스파이시하면서 자몽 같은 감귤 향이 나서 페일 에일과 IPA를 만들 때 자주 쓰인다. 시트라Citra(알파산 11~13%)는 패션프루트, 리치Lychee와 향이 비슷하다. 맛의 방향에 맞춰 홉을 고르고, 스피릿에 용해시켜서 사용하는 것을 추천한다.

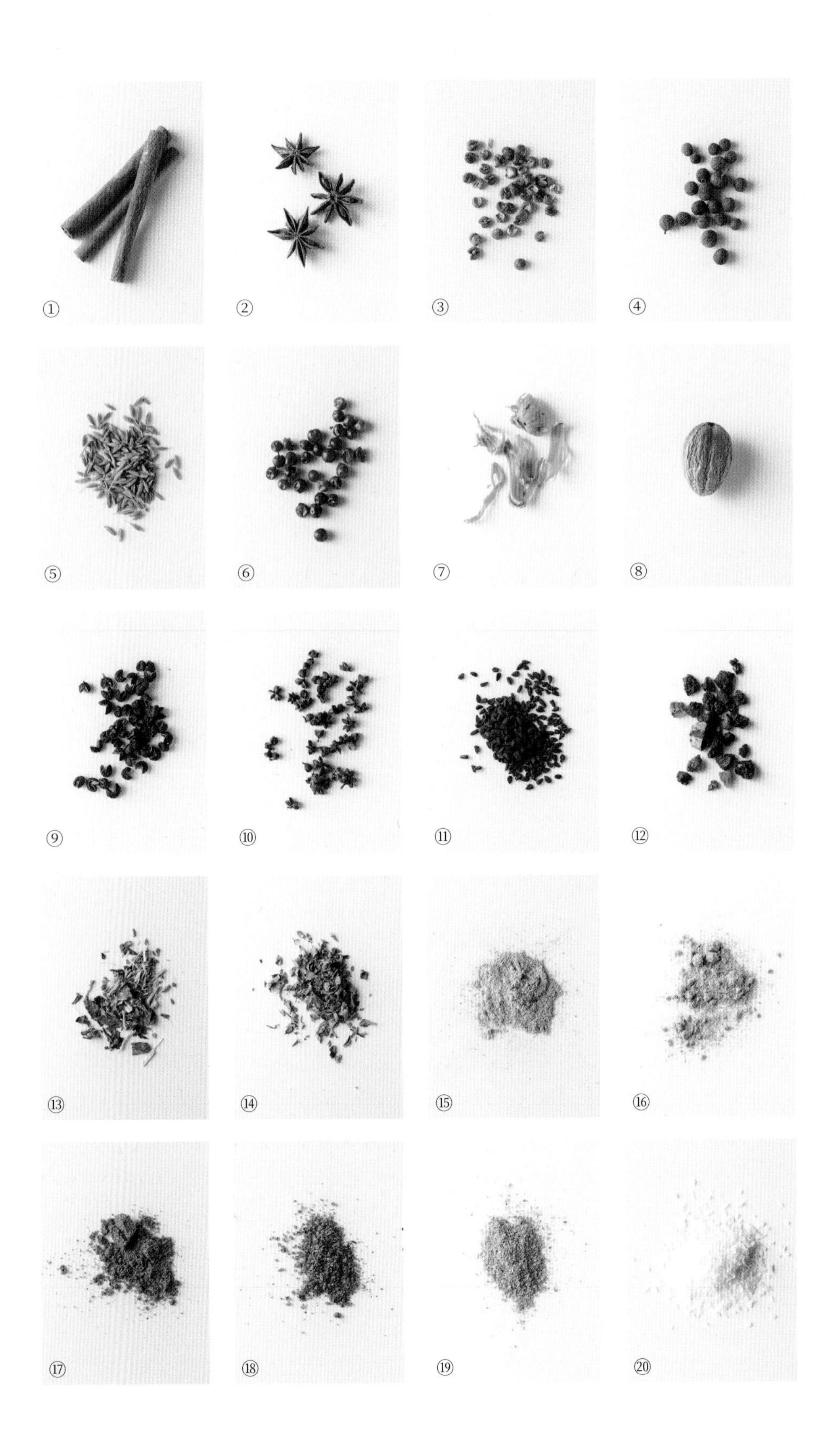
①
②
③
④
⑤
⑥
⑦
⑧
⑨
⑩
⑪
⑫
⑬
⑭
⑮
⑯
⑰
⑱
⑲
⑳

① 시나몬 스틱 ② 스타 아니스 ③ 건조 청산초 ④ 올스파이스 ⑤ 쿠민 ⑥ 핑크 페퍼 ⑦ 메이스 ⑧ 육두구 ⑨ 티무트 페퍼Timut Pepper(네팔산 산초의 일종, 감귤 향이 특징) ⑩ 푸아브르 데 심Poivre des Cîmes(베트남산 산초의 일종, 감귤 향) ⑪ 니겔라Nigella ⑫ 미르Myrrh(몰약, 수피) ⑬ 믹스허브 ⑭ 카라망 소바주Carament Sauvage(동유럽의 야생 민트) ⑮ 펜넬 분말 ⑯ 오레가노 분말 ⑰ 가람 마살라 ⑱ 칠리 분말 ⑲ 카레 분말 ⑳ 코코넛 가루 ㉑ 카카오닙스 ㉒ 팝콘 분말 ㉓ 건조 레몬밤 ㉔ 유자 분말 ㉕ 코코넛 분말 ㉖ 다시 분말 ㉗ 레몬 커드 ㉘ 기 ㉙ 구운 햇양파 껍질(100~120℃ 오븐에서 1시간 정도 약하게 구운 것) ㉚ 구운 유자 껍질(100~120℃ 오븐에서 1시간 정도 약하게 구운 것) ㉛ 타마린드 ㉜ 홉(냉동 구화와 펠릿) ㉝ 초콜릿 가나슈(만드는 법→ p.272) ㉞ 참기름 ㉟ 죽염

상태는 '냉동 구화'와 '펠릿Pellet 타입'이 있다. 펠릿은 홉을 분쇄해서 압축한 태블릿(정제) 형태의 것으로, 잘 녹고 사용하기 편하며 구하기도 쉽다. 신선도가 중요하기 때문에 산화되지 않도록 밀폐 용기에 넣어 냉장이나 냉동 보관하는 것이 바람직하다. 꽃을 그대로 얼리면(냉동하면) 향기는 좋지만, 액체를 흡수하기 때문에 수율收率이 펠릿보다 좋지 않다고 알려져 있다.

■ 카카오닙스
카카오빈을 발효시켜서 볶은 뒤 굵게 부숴서 플레이크 상태로 만든 것이다. 사용하기 쉬운 크기로 부숴서 술에 담그거나 칵테일의 표면에 뿌린다. 이름 있는 카카오 브랜드나 초콜릿 전문점에서 구매한다. 단, 질이 좋지 않은 것을 사용하면 액체에서 쓴맛과 아린 맛이 난다.

■ 카레 분말
이른바 카레 가루. 쿠민, 가람 마살라, 강황, 고추 등 수십 가지가 들어 있다. 칵테일에 극소량만 사용해 카레 풍미를 더할 수 있다. 사용량은 칵테일 1잔에 ⅓작은술 정도면 충분하며 잘 휘저어서 쓰는 것을 추천한다.

## (4) 찻잎

### [찻잎 종류와 특징]
차는 발효차, 반발효차, 불발효차 3종으로 나눌 수 있다. 홍차는 발효차, 중국과 대만의 우롱차는 반발효차, 일본차의 대부분은 불발효차다. 여기서는 일본차의 특징을 설명한다.

■ 교쿠로
4월 초순경부터 차밭에 검은 덮개를 씌워 햇볕을 차단해서 재배한다. 그렇게 해서 찻잎에 함유된 테아닌(아미노산)이 카테킨(= 떫은맛)으로 변하는 것을 막음으로써 새싹은 테아닌을 풍부하게 함유한 상태가 된다. 다시와 비슷한 교쿠로玉露의 단맛은 이 테아닌으로부터 나온다. 저온에서 서서히 추출해야 맛이 가장 좋다.

■ 말차
덴차碾茶를 갈아서 가루로 만든 것. 덴차는 교쿠로와 재배법이 비슷한데, 찻잎을 20일 정도 덮어씌운 상태에서 기른 뒤 생잎을 쪄서 비비지 않고 그대로 건조시킨 것이다. 맛은 교쿠로와 비슷하지만 미네랄감이 느껴진다. 나는 칵테일을 만들 때 덴차를 별로 쓰지 않지만, 진이나 보드카에 담가 써도 재미있을 듯하다.

■ 센차

센차煎茶에는 증제차蒸し茶와 강증제차深蒸し茶가 있다. 진에 담글 때는 주로 강증제차를 쓴다.

■ 호지차

찻잎을 고온에서 볶은 것. 볶은 커피처럼 로스팅 정도에 따라 맛이 달라지며, 살짝 볶으면 찻잎의 감칠맛을 느끼기 쉽고 신선하다. 진하게 볶으면 로스팅 향이 강하고, 카카오 같은 향기가 나며 다크 럼, 버번, 망고, 라즈베리 같은 붉은색 계열의 과일과 잘 어울린다.

■ 현미차

센차나 호지차에 볶은 현미를 넣은 것. 활용도가 높은 차로, 캄파리, 수즈Suze 등의 비터 계열 리큐어와 궁합이 좋고 금귤, 패션프루트 등의 노란색 계열 과일과도 잘 맞는다.

■ 볶은 반차

커다란 찻잎을 진하게 볶은 것으로 맛은 스모키하다. 아일라Islay 위스키의 향이나 스모킹 건으로 훈연 향을 입힌 것과 다르게 모닥불 같은 향이 나는 차다. 반차番茶는 의외로 콜라에 넣어 마셔도 맛있다.

① 센차 ② 말차 ③ 교쿠로 ④ 교반차京番茶 ⑤ 리산梨山 우롱차 ⑥ 가가보차加賀棒茶 ⑦ 재스민차 ⑧ 현미차. 그 밖에 각종 중국차, 대만차, 홍차, 검은콩차, 마테차 등도 쓰고 있다.

## 4. 새로운 풍미를 가져다주는 기술

믹솔로지 기술 중에 '자신의 이미지에 맞춰서 술 자체에 플레이버를 입힌다'는 것이 있다. 과일과 향신료 등의 아로마를 추출한 플레이버드 스피릿을 홈 메이드하거나 어떤 재료를 합침으로써 술의 개성을 더욱 돋보이게 하는 것이다. 아니면 술의 숙성감을 컨트롤하는 등 다양한 기법과 방식이 있다.

### (1) 인퓨징

주류에 향기를 입히는 방법 가운데 하나. 어떤 재료의 향기를 주류에 옮기는(추출하는) 것을 인퓨징Infusing이라고 하며, 옮긴 결과물을 인퓨전Infusion이라 부른다.

**[인퓨징 방법]**

인퓨징에는 크게 ① 단순 침지법浸漬法 ② 진공 가열 추출법 ③ 휘발 흡착법 ④ 교반攪拌 분리법 등이 있다. 그 밖에 급속 압력 인퓨징도 있으며, 이후에 나올 '워싱' 또한 넓은 의미에서는 인퓨징과 비슷하다.

**① 단순 침지법**

향기를 가진 고체를 액체(주류)에 담가 엑기스를 추출하는 방법. 담그는 동안 재료의 성분이 나와서 액체에 옮겨진다. 담그는 재료에 따라 조건이 달라지는데, 재료의 수분 여부가 중요하다. 재료에 수분이 없으면 상온에 담그고 보관하는 것이 가능하다. 수분이 있다면 담근 후에도 그 수분이 산화하거나 상태가 나빠질 수 있어서 냉장 또는 냉동 보관해야 한다.

담근 시간은 재료 또는 액체의 알코올 도수와 관계있다. 고알코올이 추출력이 더 강하고, 시간도 짧게 끝난다. 알코올 도수가 25도인 액체와 40도인 액체 중에서는 25도가 추출하는 데 1~2일 더 걸린다. 대부분의 증류 전문가는 기본적으로 70도 이상 90도 이하의 고알코올로 추출해야 한다고 말한다.

■ 침지 기간의 기준과 주의 사항

- 과일·채소류 : 2~7일
  (예) 사과, 서양배, 파인애플, 오렌지, 금귤, 귤, 유자, 감, 딸기, 블루베리, 라즈베리, 양파, 오이
- 향신료류 : 2~14일

PISCO
GRAS
ASMINE PISC

(예) 클로브, 시나몬, 올스파이스, 육두구, 쿠민, 아니스, 카르다몸, 감초, 산초, 주니퍼베리, 진저, 사프란 등

- 허브류 : 7~14일

  (예) 민트, 로즈마리, 타임, 레몬그라스, 웜우드(약쑥), 카모마일, 로즈힙, 엘더플라워, 유칼립투스, 마저럼, 펜넬(회향), 타라곤

- 견과류·씨앗 등 : 1~2일

  아몬드, 피스타치오, 헤이즐넛, 마카다미아너트, 카카오빈, 팝콘

민트와 바질은 상온에 담그는 것만으로도 상태가 나빠지므로 냉동고에 넣어 산화를 방지한다. 완성 후(재료를 제거한 후)에는 신선한 허브류나 과일류는 냉장 또는 냉동 보관하고 그 외에는 상온 보관한다.

### ② 진공 가열 추출법

진공 팩에 재료와 액체(주류)를 넣고 일정 온도로 가열해서 엑기스를 추출하는 방법. 가열은 일정 온도를 유지하면서 중탕으로 한다. 수비드 머신Sous Vide Machine을 사용하면 편리하다.

향신료류, 베이컨, 조릿대, 고온으로 추출해야 하는 중국과 대만의 찻잎 등에 적용 가능하다. 대상은 '가열해야 더 빨리 엑기스를 추출할 수 있는 것'에 한정한다. 반대로 가열하면 상태가 나빠지거나 녹는 것에는 적합하지 않다. 예를 들어 와사비, 배, 민트, 치즈, 초콜릿 등. 단순 침지법으로 담그면 1주일이 걸리지만, 이 방법이라면 1시간 내에 추출이 가능하다. 밀폐된 상태에서의 가열이라서 알코올이 휘발되지 않는다는 것, 진공 팩에 들어 있는 상태에서는 산화를 방지할 수 있다는 것이 가장 큰 장점이다.

진공 팩의 진공도는 90% 이하로 설정한다. 감압에 의해 끓는점이 내려가기 때문에 90%라면 약 65℃에서 끓기 시작한다. 추출에 필요한 온도와 시간은 재료에 따라 다르니 일단 진공도는 85~90%로 설정한 뒤 1시간 가열해서 맛을 보고, 부족하면 다시 1시간 더 가열하는 등 다양하게 테스트하면서 재료마다 적절한 설정을 찾는다.

무엇보다 액체량보다 넉넉하고 큰 팩을 사용해야 한다. 진공 팩에 넣기 전에 재료는 반드시 식혀야 한다. 실온 정도부터 온도를 높이면 금방 끓어오르는데, 만약 작은 팩에 넣는다면 끓는 기세로 인해 액체가 팩 밖으로 흘러넘치게 된다. 우선은 팩의 크기와 액체의 양, 진공도(≒끓는점), 가열 온도 등 밸런스의 장점을 파악하면 추출을 위한 조정을 하기 쉽다.

### ③ 휘발 흡착법

용기에 액체를 넣고 뚜껑 부분에 거름망을 놓은 뒤 그 안에 재료를 담아 전체를 밀폐한다. 직접 담그는 것이 아니라 같은 공간에 가둬둠으로써 기화된 향이 한 공간에서 뒤섞이고, 다시 액화되면서 향이 난다. 말하자면 '자연의 증류'에 가까운 이미지다.

확실하게 밀폐하고 용기를 약간 따뜻하게 데우면 향기를 효율적으로 얻을 수 있다. 단, 너무 많이 데우면 재료에 물방울이 맺혀 탁해지므로 주의한다. 향기가 날 때까지 최소 하루가 걸리지만, 향이 특히 더 강해서 담갔을 때 액체에 유분이 나오거나 탁해지는 재료는 이 방법으로 대응한다. 향기는 표면에만 나기 때문에 장기 보관에는 적합하지 않다.
(예) 커피빈, 치즈, 단무지, 미소된장(일본된장)

### ④ 교반 분리법

재료와 액체를 뒤섞은 뒤 원심분리기(→ p.86)를 사용해서 재료로부터 엑기스만 분리해 꺼내는 방법. 교반해서(휘저어서) 재료를 부수면 엑기스가 효율적으로 끌려 나오게 되는데, 고속 회전으로 고형 부분을 제거해 엑기스를 남긴다. 액체의 회수율이 상당히 높고, 필터 여과에 비해 수율도 좋다. 특히 과즙이 적은 과일이나 채소는 이 방법으로 신선함을 살리면서 엑기스를 끌어낼 수 있다.
(예) 바나나, 딸기, 적양배추, 파인애플, 대추야자, 생강

### [인퓨징 대상]

무언가를 스피릿으로 인퓨징하려고 생각했다면 먼저 다음 사항을 고려하는 것이 좋다.

① 이것은 담글 필요가 있는가 = 다른 방법보다 효과가 있을 것 같은가
② 재료를 어떤 상태에서 어떤 방법으로 인퓨징하는 것이 가장 좋은가
③ 산화해서 상태가 나빠지지는 않는가
④ 신선한 것과 병용할 필요가 있는가
⑤ 완성된 것이 칵테일로서 이미지화되어 있는가

①~⑤ 중 'Yes'인 항목이 다수라면 시도해볼 만하다. 실제로 인퓨징하는 데 ②의 판단이 중요하다.

- 과일류는 신선한 것을 쓸지 건조시킨 것을 쓸지 정한다. 어떤 타입의 과일은 신선하면 과즙감이 확실히 있지만, 수분이 많다 = 향기가 잘 나오지 않기 때문에 건조시켜서 반쯤 수분을 날리고 사용한다. 무화과, 감, 파인애플, 서양배, 오렌지가 이에 해당한다. 딸기 같은 베리류와 바나나는 신선하더라도 아이디어에 따라 맛있는 인퓨전 스피릿이 된다.

- 레몬 버베나, 카모마일, 라벤더 등은 신선한 것을 구하기 힘들다면 동결 건조한 것을 사용한다. 진공 가열하면 향기가 진하게 난다.

- 아몬드, 피스타치오, 헤이즐넛은 푸드프로세서로 빻은 것을 스피릿에 담가서 썼으나 현재 페이스트를 사용하고 있다. 3가지 모두 제과용 페이스트가 있는데, 스피릿에 추가하고 블렌더로 섞은 뒤 그대로 담그면 된다. 침전되긴 하지만 사용하기 전에 잘 흔들면 섞인다. 견과류 자체를 담가서 만들 때보다 맛이 있다.

### [인퓨전 레시피]

딸기 등의 베리류 : 단순 침지법

신선한 딸기(1팩 분량)의 꼭지를 제거하고 스피릿 1병에 담근다. 3일 뒤에 거르고 냉장고에 보관한다.

* 라즈베리, 블루베리, 블랙베리도 마찬가지다. 딸기를 미리 디하이드레이터(→ p.84)로 건조시켜두면 스피릿 1병당 3팩 분량을 한 번에 담글 수 있다.

스피릿에 담근 라즈베리

【응용】 슈퍼 스트로베리 보드카 : 단순 침지법 + 교반 분리법 + 원심분리

신선한 딸기 … 2팩

보드카 … 1병(750㎖)

1. 딸기 1팩을 꼭지를 제거하고 보드카에 담가둔다. 이틀 뒤 엑기스가 나오면 걸러낸다.
2. 나머지 딸기 1팩도 꼭지를 제거하고 1에 넣은 다음 핸드블렌더로 휘저어 섞어준다.
3. 2를 원심분리기에 돌려서 액체와 고형분을 분리한다. 투명한 액체만 꺼내서 보틀링[5]한다.

* 담가두면 딸기의 숙성된 풍미가 추출되며, 추가하는 딸기에서는 신선한 풍미가 난다. 이 방법은 라즈베리, 블루베리, 블랙베리 등 다른 베리류에도 유효하다.

1

2

3

5 Bottling. 술이나 음료 등을 병에 채워 넣는 것.

민트 : 단순 침지법(냉동)

스피릿 1병에 가지를 제거한 민트(적당량)를 넣고 냉동고에서 약 3일간 담가둔다.

* 민트는 산화하기 쉬우므로 보관도 추출도 냉동이 필수다.

얼그레이·녹차 잎 등 : 단순 침지법

스피릿 1병에 찻잎 10g 전후를 넣고 약 24시간 상온에 담가둔다. 다음날 침전된 것을 천천히 휘저어 맛과 색을 확인한 뒤 걸러내면서 보틀링한다. 녹차는 냉동 보관한다. 그 외는 냉장이나 상온에 보관해도 좋다. 찻잎을 더 넣어 맛을 강하게 할 수 있는데 이때 타닌이 너무 많이 나올 수 있으니 주의한다.

블랙 트러플 : 단순 침지법

크기와 질에 따라 블랙 트러플 슬라이스 20장 정도를 스피릿 1병에 넣고 상온에서 약 4일간 담근 뒤 냉장 보관한다. 단, 냉동하면 향기가 사라진다.

캐러멜 팝콘 : 단순 침지법

화이트 럼 1병에 캐러멜 팝콘 50g을 2시간 동안 담가두었다가 걸러내면서 보틀링한 뒤 상온에 보관한다.

레몬그라스 : 교반 분리법 + 단순 침지법

냉동 레몬그라스의 줄기 부분 2개를 썰어서 스피릿 1병과 합치고 핸드블렌더로 휘젓는다. 걸러내면서 보틀링한 뒤 냉장 또는 냉동 보관한다.

산초 열매 : 진공 가열 추출법

산초 열매 2tsp.과 1병 분량의 스피릿을 전용 필름에 넣어 진공포장(진공도 90%)한 뒤 65℃에서 1시간 가열한다. 걸러서 상온 보관한다.

각종 향신료 : 진공 가열 추출법

건조 향신료의 기본 조건은 같다. 각각 스피릿과 함께 전용 필름에 넣어 진공포장(진공도 90%)한 뒤 70℃에서 1시간 가열한다. 걸러내면서 보틀링한 뒤 상온 보관한다. 스피릿 1병당 각 향신료의 적정량은 다음과 같다.

- 통카빈 … 2알
- 페퍼류(티무트 페퍼, 블랙페퍼, 태즈메이니아 페퍼 등) … 2~4tsp.
- 시나몬 … 2개
- 스타 아니스 … 4개
- 바닐라빈(중앙을 가른다) … 2개
- 머스터드 시드(톡톡 소리가 날 때까지 약한 불로 볶고 나서 담근다) … 3tsp.

* 통향신료는 빻아야 추출이 빠르다.

베트남 페퍼를 위스키로 인퓨징하는 예

라임 잎 : 진공 가열 추출법 또는 단순 침지법

라임 잎 4장을 1병 분량의 스피릿과 함께 전용 필름에 넣어 진공포장(진공도 90%)한 뒤 65℃에서 1시간 가열한다. 단순 침지는 이틀 동안 상온에 담가둔다.

조릿대 : 진공 가열 추출법

얼룩조릿대 10장을 깨끗하게 씻고 1병 분량의 스피릿과 함께 전용 필름에 넣어 진공포장(진공도 90%)한 뒤 65℃에서 1시간 30분 가열한다. 걸러서 조릿대를 건져내고 상온 보관한다.

판단 잎 : 진공 가열 추출법

냉동 판단 잎 3장과 1병 분량의 스피릿을 전용 필름에 넣어 진공포장(진공도 90%)한 뒤 65℃에서 1시간 가열한다. 걸러서 잎을 건져내고 상온 보관한다.

바나나 : 단순 침지법 또는 진공 가열 추출법

바나나 3개를 얇게 썰어서 디하이드레이터(→ p.84)에 넣고 바삭하게 건조한다. 이것을 스피릿 1병에 3일 동안 담가둔다. 진공 가열한다면 진공도 90%, 60℃에서 1시간 가열한다. 걸러서 상온 보관한다.

【응용】 베이크드 바나나 럼 : 오븐 + 교반 분리법 + 원심분리

바나나(껍질째) … 2개

다크 럼(론 자카파 또는 디플로마티코) … 1병(750㎖)

1. 바나나 2개를 껍질째 쿠킹 포일로 감싸고 120℃ 오븐에서 1시간 30분 가열한다. 껍질에 싸여 찜 같은 상태가 되며, 속은 바나나 크림처럼 흐물흐물해진다.
2. 껍질을 벗긴 뒤 빠져나온 수분까지 용기에 옮겨서 럼과 합친다. 럼은 론 자카파, 디플로마티코 리세르바가 잘 어울린다. 코냑, 버번도 좋다.
3. 핸드블렌더로 휘저은 뒤 원심분리기로 분리한다.
4. 걸러내면서 보틀링한 뒤 냉장 보관한다.

적양배추 : 교반 분리법 + 원심분리

디하이드레이터에 적양배추 300g을 넣고 6시간 건조한다. 스피릿 500㎖와 함께 블렌더로 휘저은 뒤 원심분리기로 분리하고 냉장 보관한다.

아몬드 페이스트 : 교반 분리법 + 단순 침지법

아몬드 페이스트(Babbi) 200g과 스피릿 1병을 핸드블렌더로 휘저은 뒤 보틀링한다.

* 헤이즐넛, 피스타치오 페이스트(Babbi)도 방법은 같다.

## (2) 워싱

워싱Washing은 말 그대로 '세정'이라는 의미다. 우유나 치즈 등의 향과 맛 성분을 액체로 옮김과 동시에(그런 의미에서는 인퓨징의 일종이기도 하다) 액체를 '맑게 걸러내는' 기법이다. 구체적으로 주류에 향기를 옮기고 싶은 유제품 또는 유지 함량이 높은 식자재를 섞어서 잠시 두었다가 그 이후에 걸러내거나 냉각 → 응고 → 분리시켜서 고형분을 제거한다. 제거 후의 액체는 맑고 투명해지며, 풍미만 제대로 남게 된다. 우유를 사용한다면 단백질을 응고시키기 위한 소량의 산(레몬주스나 구연산 용액)을 동시에 추가한다.

대표적인 워싱 방법(재료)에는 4종류가 있다. 각각 재료의 특징에 따른 방법이 있다.

- 밀크 워시Milk Wash : 우유(+ 산)
- 버터 워시Butter Wash : 버터
- 치즈 워시Cheese Wash : 치즈
- 팻 워시Fat Wash : 육류의 지방(베이컨 등)

### ① 밀크 워시

밀크 워시드 카카오티 럼

카카오티 럼(바카디 슈페리어 750㎖ + 카카오닙스 10g + 카카오티 11g 담가둔 것) … 750㎖

우유 … 200㎖

레몬주스 … 15㎖

1. 약간 큰 유리병에 우유를 넣고 카카오티 럼을 부은 뒤 잘 섞는다.
2. 레몬주스를 소량씩 추가하면서 바 스푼으로 천천히 부드럽게 휘젓는다. 우유가 서서히 분리되면서 고형물이 보이기 시작한다. 다시 레몬주스를 넣고 천천히 커드[6]를 눈사람처럼 크게 만든다. 단, 유화되므로 빨리 휘젓지 않는다.
3. 커피 필터로 거르거나 원심분리기에 넣어 고형분을 분리하고 보틀링한다.

6 응유(凝乳). 우유에 산(酸) 또는 레닌이나 펩신 따위를 넣었을 때 생기는 응고물.

밀크 워시를 하면 우유의 탁함(= 흰색)은 완전히 없어진다. 응고 성분을 제거하면 떫은맛도 함께 제거된다. 더욱이 워싱 과정에서 우유 단백질의 카세인은 응고되어 제거되지만, 유청Whey에 함유된 단백질은 남기 때문에 셰이킹하면 거품이 깨끗하게 생성된다. 우유를 셰이킹했을 때와 마찬가지다.

밀크 워시를 할 때 폴리페놀이 풍부한 스피릿, 예를 들어 버번이나 브랜디를 베이스로 사용하면 플레이버가 함께 빠져나간다는 점에 주의해야 한다. 반드시 '술을 우유에 더한다'. 그 반대로는 하지 않는다. 즉, 잘 응고되지 않는다. 분리할 때는 반드시 조심스럽게 뒤섞어야 한다.

밀크 워시는 전혀 새로운 기술이 아니다. 밀크 워시를 사용한 '밀크 펀치'는 17세기경부터 만들어왔다. 전통적인 밀크 펀치는 술과 우유, 그 밖의 플레이버 재료로 만든다. 우유를 응고시키고 커드(응유)를 걸러서 제거하면 투명한 액체가 남는데, 유제품 같은 맛이 난다. 이 200년 전의 기술이 재발견되어 현재의 칵테일에 쓰이고 있으니 고전에 새로움이 깃들여 있다는 사실을 새삼 통감한다.

카카오티 럼으로 만든 '카카오 다이키리' 2종. 왼쪽은 밀크 워시한 카카오티 럼을 사용했고 오른쪽은 워시를 하지 않았다.

### ② 버터 워시

스모크 버터 워시드 럼

럼(바카디 슈페리어Bacardi Superior) ··· 700㎖
스모크 버터 ··· 100g

1. 럼에 스모크 버터를 녹여서 섞는다.
2. 그대로 천천히 뒤섞고 냉동고에 넣는다.

3. 2시간 뒤 꺼내서 표면에 떠 있는 굳은 지방을 제거한 다음 액체를 커피 필터로 걸러내면서 보틀링한다.

버터의 향을 액체에 스며들게 한 뒤 지방분을 차갑게 굳혀서 제거하는 기법. 지방분만 제거한다는 점에서는 '팻 워싱Fat Washing'이라고도 할 수 있다. 사용하는 버터는 맛이 진한 타입이어야 플레이버가 더 쉽게 스며든다. 태운 버터, 스모크 버터를 추천한다.

③ 치즈 워시

로크포르 워시드 보드카

보드카 / 그레이 구스Grey Goose … 500㎖

로크포르[7] 치즈 … 150g

1. 전자레인지에 로크포르 치즈를 녹여서 보드카와 섞은 뒤 냉동고에 넣는다.
2. 2시간 후에 꺼내서 액체를 커피 필터로 거르고 보틀링한다.

치즈 워시는 치즈를 녹여서 섞고 냉동한 뒤 걸러내기만 하면 된다. 로크포르 외에 콩테[8], 흰곰팡이 치즈, 파르미지아노 등도 쓸 수 있다. 치즈의 짠맛도 들어가므로 사용량은 취향에 맞게 조정한다.

④ 팻 워시

베이컨 워시드 보드카

보드카 / 그레이 구스Grey Goose … 750㎖

베이컨 … 300g

1. 프라이팬에 베이컨을 썰어서 올리고 살짝 굽는다. 불을 끄고 잔열이 식으면 보드카를 프라이팬에 부어 스패출러로 잘 섞는다.
2. 유리병 또는 유리통에 담아 냉장에서 이틀, 냉동에서 하루 동안 담가둔다.
3. 냉장고에서 꺼낸 뒤 표면에 굳어 있는 지방을 집게로 제거하고 액체를 커피 필터로 걸러낸다. 보틀링한 뒤 냉장 또는 냉동 보관한다.

---

7 프랑스의 대표적인 블루치즈. 푸른곰팡이가 마치 실핏줄처럼 퍼져 있는 모양으로 크림처럼 부드럽고 작은 덩어리로 잘 부서지며, 짭조름하고 톡 쏘는 맛이 특징이다.

8 소젖으로 만든 프랑슈 콩테 지방의 AOC 치즈. 지방 최소 45%.

베이컨은 향기가 쉽게 옮겨지도록 썰어서 표면이 살짝 눌어붙을 정도로 구운 다음 담근다. 어느 정도 염분이 있는 베이컨을 써야 맛과 향이 잘 나온다.

지방이 너무 많아도 안 되며, 살코기가 적당히 붙어 있어야 맛이 제대로 나온다. 일반적으로 구매 가능한 훈제 베이컨으로 충분히 맛있게 만들 수 있다. 질 좋은 베이컨이라도 지방이 부족하면 맛이 나오지 않기도 한다. 스모크 베이컨을 사용하면 스모키한 맛이 더해진다. 단, 판체타는 염분이 너무 많아서 적합하지 않다.

여과하기 전, 냉동고에서 꺼내 해동 중인 버터 워시(왼쪽), 치즈 워시(중앙), 베이컨 워시(오른쪽)

## (3) 에이징

에이징Aging이란 '숙성'을 뜻한다. 술을 숙성시키는 것이 아니라 이미 조합한 칵테일을 보틀이나 오크통에 넣어서 장기간 담그는 기법이다. 다른 종류의 알코올을 조합해 새로운 맛을 창조하는 것이 칵테일이지만, 거기에 '시간'을 더해서 한층 더 맛의 전개를 이끌어낸다.

### ① 보틀 에이징

2012년 런던에서 토니 코니글리아로[9] 덕분에 '6년간 보틀에서 숙성한 맨해튼'을 마셔볼 수 있었다. 2004년부터 실험적으로 만들어왔다는 그 맨해튼은 알코올에 자극적인 부분이 전혀 없었고, 부드러웠으며, 드라이한 포트와인처럼 맛있었다. 만드는 법은 이렇다. 조합한 맨해튼을 보틀 입구에서 2.5㎝를 남기고 액체를 채운 뒤 뚜껑을 덮어 보틀 전체를 절연테이프로 완전히 밀봉한다. 그리고 온도가 일정하게 유지되는 저장고에 보관하면 된다. 맛을 보면 병 속에

9 Tony Conigliaro. 세계 정상급 믹솔로지스트. 2000년부터 런던에 칵테일 붐을 일으킨 칵테일계의 선구자.

서 알코올끼리 분자가 결합해 하나가 되어 있다는 인상을 받는다.

보틀 에이징Bottle Aging이란 조합한 칵테일을 보틀에 숙성시키는 기법이다. 이 기법은 주스류, 우유류가 들어가는 칵테일에는 사용할 수 없지만, 알코올류의 혼합 칵테일이라면 어떤 것에도 사용할 수 있다. 네그로니, 불바디에Boulevardier, 올드 팔[10] 등 위스키 베이스, 코냑 베이스의 칵테일에는 꼭 한번 테스트해보기 바란다.

② 배럴 에이징

작은 오크통에 칵테일을 일정 기간 숙성시키는 기법. 맛이 순해짐과 동시에 오크 향이 나며, 칵테일의 풍미가 변한다. 이 칵테일을 '배럴 에이징Barrel Aging'이라고 한다.

■ 작은 오크통에 숙성하는 이유

작은 오크통에서 숙성이 더 빠르게 진행되는 것은 증류 브랜드 사이에서 증명되고 있다. 뉴욕주 투틸타운 스피릿회사Tuthilltown Spirits에서는 위스키 등의 스피릿을 숙성할 때 보통 250ℓ 들이를 쓰다가 9~23ℓ의 작은 오크통으로 '대對 알코올 표면적률'을 높여서 숙성 속도를 빠르게 하는 방법을 도입하고 있다. 배럴 에이징 칵테일에도 적용할 수 있는데, 작으면 작을수록 숙성 속도가 빨라져서 5ℓ 이내라면 3개월 정도면 오크 향이 나고 원만한 맛을 띠게 된다.

나는 2013년부터 실험적으로 단일 스피릿이라도 작은 오크통에 단기 숙성을 하고 있다. 위스키는 숙성이라는 산화 현상을 겪으면서 오크통에 포함된 알데히드, 페놀 또는 약산이 알코올

---

10 Old Pal. 아메리칸 위스키에 드라이 베르무트와 캄파리(Campari)를 섞어 만든 칵테일.

과 결합해 '에스터화[11]'되어가는 것으로 알려져 있다. 숙성이 길수록 중장기 연쇄의 에스터가 생성되고, 원주[12]에 꿀이나 꽃의 향기, 견과류의 풍미가 더해져 부드러워지는 것을 알 수 있다. 그러나 이 작은 오크통에서 단기간 숙성했을 때 에스터의 연쇄가 촉진되는지는 현시점에서 검증되지 않았다. 단일 스피릿을 숙성시키면 오크 향은 나지만 원숙미는 2년 이상 숙성됐을 때부터 난다.

■ 오크통 종류

오크통 종류는 다양하지만 '아메리칸 오크제 미디엄 차Medium Char를 한 것'이 가장 많다. 일본은 주로 미국과 멕시코로부터 수입하고 있다. 프렌치 오크French Oak는 와인 보관용은 있으나 1~10ℓ들이는 거의 없다. 그렇지만 유럽이나 미국에서는 프렌치 오크나 셰리용 작은 오크통으로 숙성하는 일이 적지 않다.

오크통 제작 회사들은 최대 3년이 숙성 기준이라고 한다. 3년 이상 숙성하면 휘발되어 액체 자체가 사라지기 때문이다. 크기는 최소 1ℓ, 최대 20ℓ까지 판매되고 있다. 사용의 용이성과 칵테일 자체의 제조 회전을 고려하면 3ℓ와 5ℓ가 적당하다. 자주 사용하는 칵테일용 오크통의 크기는 3ℓ, 1년 이상 숙성하려면 5ℓ, 2년 이상이라면 10ℓ가 좋다.

■ 주의 사항

오크통을 구매하면 일단 오크통에 뜨거운 물을 넣고 물이 새는지 확인한다. 대체로 건조되어 도착하기 때문에 이틀 정도는 물이 새지만 오크통이 서서히 물을 빨아들이면서 팽창해 새는 것이 멈춘다. 물이 새는 것이 완전히 멈추면 물을 빼고 칵테일을 넣는다.

일본은 지역에 따라 다르지만 보통 여름은 고온다습하고 겨울은 건조하다. 일반적으로 위스키에서 '엔젤스 셰어Angel's Share'라고 불리는 오크통 숙성 중의 증발분은 첫해에 5%, 이듬해부터는 매년 약 2%씩 증발한다. 예를 들어 도쿄에서 2ℓ 오크통에 가득 넣고 상온에 두면 1개월에 약 200㎖ = 10% 정도 증발한다. 다음 달도 비슷한 정도로 증발한다. 6개월 숙성하면 약 1,200㎖ 전후로 증발하게 되고, 통 안에 든 액체는 절반 이하가 된다. 그러므로 1년 이상은 물론이고 반년 이상 숙성해도 어느 정도 온도가 일정하게 유지되는 와인셀러에서 숙성하는 것이 바람직하다.

11 에스터는 산과 알코올로부터 물이 빠져 생성하는 화합물을 말하며, 산이 에스터 화합물로 변환하는 것을 에스터화(Esterification, 반응)라고 한다.

12 原酒. 증류한 다음에 숙성하기 위해 일정 기간 통에 담아 저장한 위스키의 원액으로 '스피릿'을 의미.

오크통의 엑기스도 무한한 것은 아니라서 몇 번 사용하면 오크 향이 연해지고, 나무에 함유된 알데히드, 페놀, 목당木糖, 바닐린[13] 등도 감소한다. 알데히드가 술에 닿으면서 산화 반응을 일으키고, 시링산Syringic Acid, 페룰산, 바닐린산 등으로 변하며 그것이 '맛'이 되기 때문에 당연히 그 효과도 사라진다. 작은 오크통으로 연속 숙성할 경우 3년이 상한이라고 오크통 제조회사들이 주의를 주고 있으나, 사용해보니 3개월 숙성이라면 약 4회(연속 사용일 때 1년), 6개월 숙성이라면 3회(1년 6개월)가 한도였다. 물론 오크통이 새것인지 아닌지 또는 목재의 성질에 따라 일률적이라고 말할 수는 없어 1차 숙성 후에 일정량을 남겨두었다가 2차 숙성 때 같은 기간 동안 숙성시킨 뒤 결과를 비교해 숙성 기간을 더 늘릴지 판단한다.

배럴 에이징하는 칵테일에 온도 변화에 약한 주류는 쓰지 않는 것이 좋다. 소량의 블렌딩이라면 괜찮지만, 산화되어 묵은 냄새가 나기도 한다. 드라이 베르무트, 화이트와인, 소테른은 적합하지 않으며 당분이 많은 아이스 와인은 소량만 쓴다. 주스류, 유제품, 퓌레, 과일, 신선한 허브 또한 산화되어 상태가 나빠지므로 쓰지 않는다. 향신료, 견과류, 건조 허브는 괜찮다.

13 바닐라콩에서 추출한 바닐라 향이 나는 방향족 알데하이드로, 승화성이 있는 무색의 결정성 고체. 오크통을 태우면 오크 표면이 활성화되어 '바닐린(Vanilin)' 성분이 만들어진다.

# 5. 새로운 장비와 재료가 주는 맛·향기·텍스처

새로운 칵테일은 자신이 할 수 있는 범위 내에서 생각한다. 그러나 갖고 있지 않은 색깔은 캔버스에 칠할 수 없고, 가지고 있는 붓 이외의 터치는 표현할 수 없다. 할 수 없는 것, 머릿속엔 있는데 아직 없는 맛, 상상은 할 수 있지만, 그 자체는 없는 액체를 구현하려면 도구가 있어야 한다. '없는 것은 만들어낸다'라는 것이 믹솔로지의 기본자세다. 칵테일 재료는 항상 만들 필요가 있다. 새로운 재료를 찾는 과정에서 다양한 도구와 만났고 시도해봤으며 사용해왔다. 내가 재료를 만드는 데 쓰는 장비를 모두 소개한다.

## (1) 로터리 에바포레이터

회전식 플라스크가 달린 감압증류기 가운데 하나. 감압증류는 액체를 감압 아래(= 끓는점이 내려간다)에서 가열해 증발하게 하고 그 수증기를 냉각해 응축하는(액체로 되돌리는) 구조다. 로터리 에바포레이터Rotary Evaporator는 플라스크가 회전하면서 더욱 균일하고 효율적이게 온도를 제어할 수 있다. 나는 부쉬Buch 제품을 쓰고 있다. 다른 브랜드의 데모 제품도 테스트해봤지만, 플라스크의 용량, 워터 배스(플라스크를 데우는 중탕기) 크기를 고려해 선택했다.

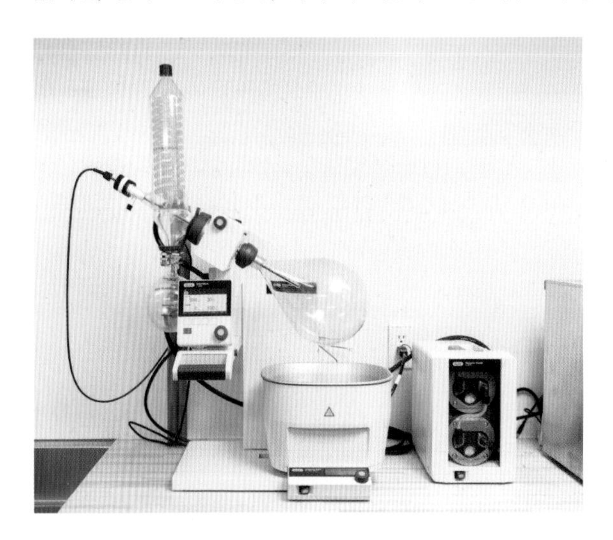

**[로터리 에바포레이터와의 만남]**

처음에는 로터리 에바포레이터만 있으면 무엇이든 할 수 있을 것 같았다. 그러나 그 기분은 쓰자마자 단번에 사라졌다. 사용법을 몰라서이다. 어떤 장비라도 사용법을 모르면 잠재력을 제대로 발휘하지 못하고 만다.

증류기로밖에 할 수 없는 일이 있다. 액체에 섞으면 탁해지고, 가열하면 산화하고, 산화하면 상태가 나빠지는 조건이 제한되는 재료들을 증류기를 사용해서 스피릿에 그 향기가 나게 함으로써 자유자재로 칵테일에 사용할 수 있게 되었다. 푸아그라 스피릿, 로크포르 보드카 등은 누구도 생각지 못했고, 만들려고도 하지 않았을 것이다. 그만큼 증류기는 그때까지의 나의 바텐더 인생에서 가장 혁신적인 것이었다. 증류기는 아직도 가능성이 무궁무진하다. 끝까지 파고들면 더 많은 일을 할 수 있을 것이다.

### [로터리 에바포레이터 활용법]

#### ① 액체에 향기가 나게 한다

오래전부터 식물에서 향기 성분을 추출하는 데 증류법을 써왔다. 허브를 증류용 도구(기구)에 채워 넣고 가열한 다음 휘발된 향기 성분을 함유한 수증기를 냉각해서 아로마 워터를 회수하는 방법이다. 진과 리큐어는 각종 보태니컬을 알코올과 함께 증류해서 만든다. 가열하면 허브 등의 향기 성분을 액체에서 추출할 수 있고, 증류하고 나면 '향기를 가진 액체'를 얻을 수 있다.

'아로마 재료 + 물' 또는 '아로마 재료 + 주류'를 로터리 에바포레이터로 증류하면 플레이버 워터나 플레이버 스피릿을 홈 메이드화할 수 있다. 더구나 감압할 수 있는, 즉 끓는점이 내려가기 때문에 재료를 저온으로 증류하는 것이 가능하다. 고온으로 가열하면 향기 성분이 나빠지거나 사라지는 재료들도 주류나 물에 적용시킬 수 있다.

#### ② 액체를 농축시킨다

로터리 에바포레이터는 용매를 분리·농축하기 위한 장치다. 혼합물을 일단 증발 → 냉각·액화시킴으로써 끓는점의 다른 성분을 분리하고 농축시킨다. 이 원리에 의해 어떤 종류의 재료에서 수분 또는 알코올을 제거하는(향기 성분을 손상하거나 변질시키지 않고) 것이 가능하다. 과일 퓌레나 베르무트, 포트와인 등 어느 정도의 당분을 함유한 것에서 수분을 제거해 농축 액체로 만들 수 있다. 우유에서 수분을 제거해 농축 우유로도 만들 수 있다. 리큐어에서 수분 또는 알코올을 제거할 수도 있다. 캄파리를 증류해서 알코올이 없는, 캄파리의 엑기스가 농축된 액체를 얻을 수 있다는 얘기다.

### [사용법]

1. 증류하려는 액체를 오른쪽 플라스크에 넣고, 워터 배스를 설정한다. 워터 배스는 95℃까지 가열할 수 있다. 회전수/분(rpm), 떨어뜨리고자 하는 기압(밀리바mbar)을 설정한다. 재료에 따라 다르지만, 기본 설정은 워터 배스 40℃, 회전수 150rpm, 기압 30mbar다. 이 증류기의 기본 설정 온도는 플라스크 내 20℃, 워터 배스 40℃, 칠러Chiller(냉각 순환기)가 0℃다. 각각 20℃ 차이가 나야 가장 효율적이다.

2. 증류가 시작되면 플라스크가 회전한다. 그러면 플라스크가 워터 배스의 뜨거운 물에 적당히 잠긴 상태에서 데워지고 있는지 확인한다. 증발이 시작되면 향기 성분을 포함한 휘발성 성질이 기체가 된다. 이것이 증류기 왼쪽 상단의 나선형 유리(영도 이하의 부동액이 순환하고 있다)에 닿으면 차가워져서 액체로 되돌아가게 되고 왼쪽 하단의 작은 플라스크 안에 고인다.

메밀차 보드카

메밀차 … 50g

보드카 / 그레이 구스Grey Goose … 700㎖

1. 플라스크에 메밀차와 보드카를 넣는다.
2. 기압은 30mbar, 워터 배스는 45℃, 회전수는 150~220rpm, 냉각수는 −5℃로 설정하고 증류를 개시한다.
3. 500㎖를 추출한 후 꺼내고, 물을 150㎖ 더 넣어 보틀링한다. 메밀차는 추출이 빠르게 되니 온도는 높이고 회전도 빠르게 해서 원심력으로 휘젓는다는 느낌으로 증류한다. 풍미가 날아간 잔류액은 과감히 파기한다.

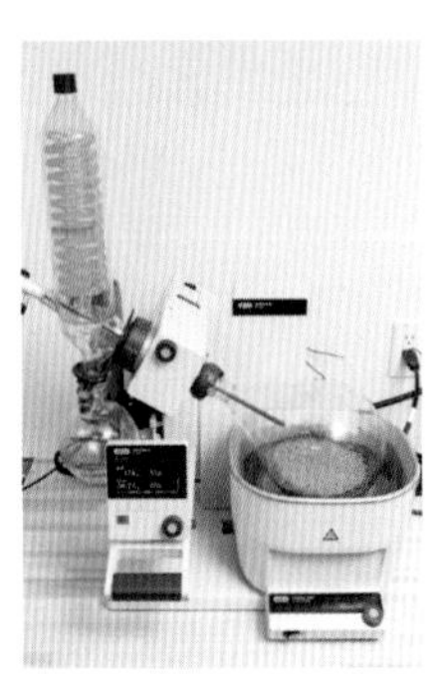

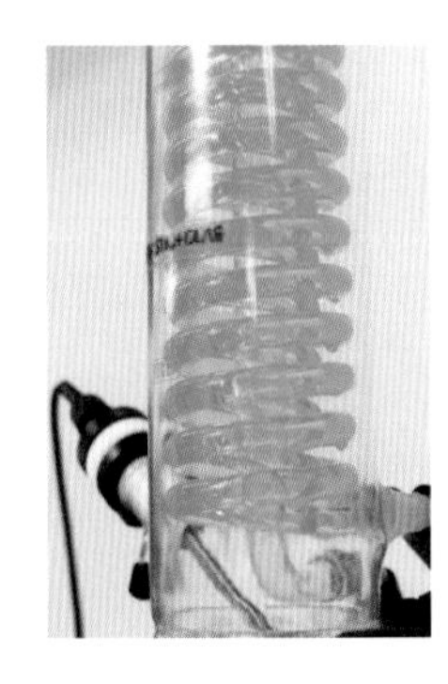

[사용 포인트]

■ 회전수

회전수가 많을수록 증류 속도는 빨라진다. 회전수를 높이면 원심력으로 인해 액체가 플라스크 안쪽에 달라붙어 전체의 표면적이 늘어난다. 표면적이 늘어날수록 증류 속도가 빨라지는 구조다.

■ 기압

기압은 낮출수록 끓는점이 내려간다. 처음에는 1기압이므로 대략 1,013mbar. 끓는점이 내려가면 액체는 끓기 시작한다. 끓는점·기압·(워터 배스의) 온도는 상관관계가 있다. 예를 들면 워터 배스가 ○○℃일 때 기압은 ○○mbar로, 액체가 끓기 시작하는 상태다. 대부분 재료는

40℃로 설정하면 130mbar 정도에서 끓는다. 워터 배스의 온도가 올라갈수록 기압이 높아지는데, 60℃로 설정하면 240mbar 정도에서 끓는다. 재료의 온도에 따라 몇 기압에서 끓는지 잘 살펴보지 않으면 재료에 따라서는 갑자기 끓어오르면서 액체가 역류할 수 있다.

■ 온도

플라스크 내의 온도는 매우 중요하다. 로터리 에바포레이터는 전통적인 가열식 증류기와 달리 저온에서 증류할 수 있다는 점이 최대 장점이다. 재료에 열을 가하고 싶지 않을 때 특히 효력을 발휘한다. 바질, 트러플, 치즈 등 가열하면 향기가 안 좋아지거나 변하는 재료조차 그 향기를 살려서 증류할 수 있다. 워터 배스는 증류할 액체 또는 고체의 본연의 맛을 끌어내기 위해 최적의 온도를 고려해서 설정한다. 그 이상 또는 그 이하로 하면 맛이 변하니 주의 깊게 지켜볼 필요가 있다.

■ 증류 대상과 시점

증류의 기본은 '등가 교환'이다. 증류 전의 재료가 증류 후에 그 이상으로 좋아질 수는 없다. 어디까지나 재료 그 자체의 맛과 향기가 증류 후의 액체로 이동하는 것이다. 그러므로 증류 전에 이렇게 생각해보자.
'이 재료는 어떤 상태가 가장 좋을까?', '데울 것인가? 분쇄할 것인가? 믹서로 휘저을까? 빻을까?', '증류한다? 그렇다면?'

신선한 것은 최대한 신선한 상태에서 증류하는 것이 가장 좋다. 향기 성분은 무한하지 않다. '향기가 나는' 시점에서 재료로부터 휘발되며 사라진다. 따라서 증류할 때는 재빠르게 섞고 재빠르게 증류한다.

처음에는 여러 번 고민하고 계속 실패하면서 각 재료의 적정 사용량을 확인했다. 이 과정에서 재료를 액체와 섞은 시점에 향기가 올라오는 순간이 있다는 것을 알게 되었다. 이 경우 대체로 잘 진행되었다. 섞어도 향기가 올라오지 않는 경우에는 휘발 성분이 적어서 증류해도 대개 향기가 부족했다. 우선 증류 전에 액체에 재료를 소량씩 추가하면서 섞고 향기를 확인하는 것이 실패하지 않는 방법 가운데 하나다. 그렇다고 액체에 코를 직접 가져다 댈 필요는 없다. 자연스럽게 향기가 감도는 상태가 이상적이다.

### [잔류액 활용법]

증류한 후의 잔류액을 활용하는 방법도 있다. 휘발 성분은 특성상 가볍고 쉽게 증류된다. 반대로 무거운 성분은 증류되지 않고 잔류액으로 남는다. 염분과 당분이 이에 해당된다. 따라서 증류 후의 농축된 잔류액을 재이용할 수 있다. 푸아그라 잔류액은 푸아그라 아이스크림으로, 다시의 잔류액은 걸러낸 뒤 설탕을 넣어 다시 시럽으로 만든다. 반면 증류한 후에 성분이 거의 휘발되는 것도 적지 않다. 바질, 와사비 등은 아쉽게도 잔류액에 맛이 거의 나지 않는다.

## (2) 디하이드레이터

디하이드레이터Dehydrator는 식품건조기를 의미한다. 재료를 올려놓는 트레이가 인출식인 것, 찬합처럼 층층으로 된 것 등 여러 타입이 있지만, 기본 기능은 같다. 내부에 가열 코일이 있는데 그 코일을 팬으로 돌려서 온풍을 만들고 트레이에 올려놓은 재료를 건조시킨다. 대부분 기종이 온도(대략 40~70℃ 전후)와 시간을 설정할 수 있다. 예를 들어 신선한 민트나 바질을 바삭한 건조 허브로 만들 때는 40℃, 건조 야채 칩은 52℃, 건조 과일 칩은 57℃, 육포는 68℃로 설정하면 된다. 그 외 겨울철에 진저비어Ginger Beer나 미드[14], 과일 와인 등을 직접 양조할 때 '발효통' 대신 사용할 수 있다.

### [사용법]

■ 과일 → 건조 칩으로(→ 분말로)

사과·파인애플·딸기·무화과·오렌지·토마토 등을 얇게 썰고 건조시켜서 바삭한 칩으로 만든다. 오븐으로 과일 칩을 만들 때는 설탕을 묻히거나 시럽에 절였다가 건조시키는데, 이 경우에는 재료 그대로 트레이에 늘어놓으면 된다. 재료를 얇고 균등하게 썰어서 키친타월을 깐 트레이에 늘어놓고 기계를 설정해서 약 6~10시간 건조시킨다. 당분·수분이 많은 것, 크

---

14 Mead. 꿀로 만든 양조주의 하나로, 앵글로색슨에 의해서 발달한 가장 오래된 발효주다.

게 썬 것은 시간이 걸린다. 그대로 칵테일에 곁들여 향기나 텍스처의 악센트로 쓰기도 하고 카시스·블루베리·라즈베리 등은 그대로 건조시킨 뒤 믹서로 분쇄해 분말로 만들기도 한다.

카시스 분말(왼쪽), 타마린드 분말(오른쪽)

■ 액체(+ 증점제) → 건조 분말로

걸쭉한 액체를 디하이드레이터로 건조시키면 딱딱한 시트 상태가 된다. 그것을 믹서에 넣어 분말 상태로 만든다. 이 방법으로 간장 분말(졸인 간장), 미소된장 분말(얇게 펼친 미소된장), 다시 분말(다시 보드카의 잔류액에 증점제를 첨가) 등을 만들고 있다. 액체에 걸쭉함이 필요한 재료에는 수시로 증점제(겔에스페사Gelespessa나 겔크렘Gelcrem 등)를 소량 넣는다. 당분이 많은 액체는 시트 상태로 건조시켜도 끈적거리니 고운 분말 상태로 만들기 쉽지 않다. 습기를 빨아들이기 쉬운 미소된장과 간장 분말은 실리카 겔을 꼭 넣어 보관한다.

■ 과일 퓌레 → 시트 상태로

과일 퓌레를 얇게 펼쳐서 건조시키면 과일 시트가 만들어진다. 라즈베리 퓌레나 망고 퓌레를 얇게 펼치고 57℃에서 10시간 건조시킨 뒤 적당한 크기로 잘라서 사용한다. 실리카 겔을 넣고 밀폐하거나 냉동 보관한다.

타마린드 건조 분말

타마린드 페이스트를 얇게 펼치고 57℃에서 10시간 건조시킨다. 믹서에 넣고 분말이 될 때까지 분쇄한다.

## (3) 원심분리기

액체를 고속으로 회전시킨 뒤 원심력으로 비중이 무거운 것을 바깥쪽으로 밀어내서 액체와 고체를 분리하는 기계다. '액체를 맑게 걸러내는' 용도로 쓰인다. 필터 등을 사용하는 것보다 훨씬 단시간에, 필터로 걸러낼 수 없는 입자가 작은 것까지 분리해서 깨끗하게 거를 수 있다. 분리할 고체에 액체를 남기지 않는다는 점에서 수율이 매우 좋다.

내가 쓰는 탁상형 원심분리기는 1분간 최대 6,000회 회전한다. 크기가 더 크고 1만 회 이상 회전하는 타입이 있지만, 과일류의 주스를 맑게 거르는 데는 3,500~5,000회 회전만으로 충분하다. 이 탁상형은 100㎖짜리 플라스틱 튜브를 꽂는 부분이 4개 있는데 여기에 재료를 넣고 설정하면 한 번에 400㎖를 분리할 수 있다. 단, 4,000회 회전 이하에 해당한다. 4,000회 이상 회전하면 원심력이 강해지니 50㎖ 튜브에 액체를 90% 넣어서 사용해야 한다.

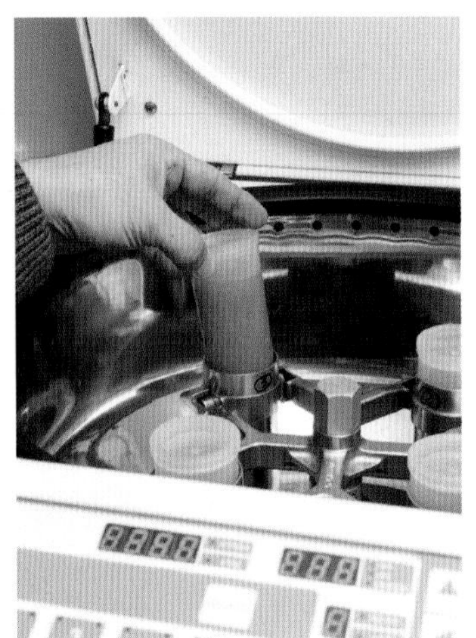

### [원심분리기 활용법]

#### ① 과즙을 맑게 걸러낸다

과일 꼭지 등을 제거하고 적당한 크기로 자른 뒤 블렌더로 휘저어 일단 주스로 만든다. 이것을 원심분리기에 넣고 돌리면 고형분이 분리되면서 '투명한 주스'가 된다. 수분이 적은 과일도 마찬가지다. 바나나는 대부분이 과육이지만 농후한 시럽 같은 액체를 소량 얻을 수 있다. 100% 과즙으로 완성할 필요가 없다면 수분을 추가해서 희석시키고 분리한다. 망고는 아쉽게도 6,000회 회전으로도 액체를 깔끔하게 얻을 수 없으므로 수분을 약간 추가하고 액화한 뒤 사용한다.

원심분리에 걸리는 시간은 10~20분이 적당하다. 대각선으로 설정한 튜브는 반드시 양이 같아야 한다. 어느 한쪽이 무거우면 도중에 에러가 나서 기계가 멈춘다. 분리한 뒤에는 튜브에서 파인 스트레이너로 거르고 보틀링한다.
과즙의 세포벽을 안정시키는 펙틴의 효력을 빼앗는 펙티넥스 울트라 SP-LPectinex Ultra SP-L이라는 분해 효소나 전분질의 분해를 돕는 아밀라아제 AG300L을 첨가하면 더욱 깔끔하고 맑게 걸러낼 수 있다.

② 인퓨징 후에 맑게 걸러낸다

■ 침지한 다음 맑게 걸러낸다

재료를 스피릿에 담가 엑기스를 추출할 때(→ p.64 ① 단순 침지법) 마지막에 커피 필터로 걸러서 재료를 제거하는데, 불순물이 남으면 원심분리기로 맑게 걸러낼 수 있다. 단, 입자가 너무 작거나 가벼우면 4,000회 회전으로 분리되지 않을 수 있다.

■ 휘저은 다음 맑게 걸러낸다

인퓨징 기법 중에 '재료와 액체를 합쳐서 휘저은 다음 고형분만 분리하는' 방법이 있다(→ p.67 ④ 교반 분리법). 커피 필터로 걸러낼 수도 있지만 원심분리기를 사용하면 엑기스의 수율이 훨씬 좋고 맑게 걸러낼 수 있다. 특히 과즙이 적은 과일이나 채소는 신선함을 살려서 엑기스를 끌어낼 수 있다.

## (4) 진공포장기 / 수비드 머신

액체나 고체를 전용 필름에 넣어 탈기脫氣(기체 성분을 제거하는 것)하면서 밀폐하는 것이 '진공포장기'다. 식품 보관만이 아니라 진공조리에 빼놓을 수 없는 기계다.

진공조리란 진공포장한 식품을 저온으로 유지한 일정 온도에서 가열하는 조리법이다. 요리업계에서는 일정 온도에서 고르게 가열하기 위해 스팀 컨벡션 오븐을 쓰지만, 바에서는 사진 같은 수비드 머신(→ p.88)을 쓰는 것이 편리하다. 나는 현재 아노바Anova라는 브랜드의 수비드 머신을 쓰고 있다. 뜨거운 물을 채운 냄비(또는 컨테이너)에 수비드 머신을 끼우고 온도를 설정하면 간단하게 '일정 온도에서의 중탕(워터 배스)'이 가능하다. 뜨거운 물을 일정 온도로 유지하면서 내장된 팬으로 대류를 일으켜 고르게 가열하게 되는 원리다.

* 진공조리기는 비싼 것부터 저렴한 것까지 가격대가 다양하지만, 육류나 생선을 가열하는 것은 아니니 고르지 않게 가열되는 것을 막기 위한 기능이 있는 고급형은 필요 없다. 온도를 일정하게 유지하는 것만으로 충분하다.

**[진공포장기·수비드 머신 활용법]**

진공조리는 여러 용도와 장점이 있지만, 내가 칵테일을 만들 때 쓰는 목적은 2가지다.

**① 진공 인퓨전**(진공 가열 추출법 → p.66)

재료와 액체를 전용 필름에 넣고 진공포장한 다음 진공 팩째 일정 온도로 가열해서 재료의 성분을 액체에서 추출한다. 이때 진공도는 85~90%로 설정한다. 밀폐 상태이니 알코올과 방향芳香 성분을 휘발시키지 않고 가열 추출할 수 있다는 것이 최대 장점이다.

**② 진공 마리네이드**

감압된 팩 안에서는 삼투압이 올라가기 때문에 재료를 액체와 함께 진공포장하면 효율적으로 마리네이드할 수 있다. 이것을 가니시[15]용 과일에 응용하고 있다. 그랑 마르니에를 스며들게 한 서양배나 다크 럼을 스며들게 한 파인애플 등에 말이다. 액체가 제대로 스며들어 식감을 남긴 상태로 플레이버 가니시가 생긴다.

사용 재료는 다공성(기공이 많은 것)인 것이 적합하다. '멜론 + 딜 + 압생트', '엘더플라워 리큐어 + 오이 슬라이스', '진 + 수박 + 바질' 등은 마음에 드는 조합이다. 단, 오랫동안 보관할 수 없어 밀폐 용기에 넣어두고 수일 내에 다 사용해야 한다.

---

15 칵테일에 장식하는 각종 과일과 채소.

### (5) 슬로 주서(착즙기)

슬로(저속) 주서Slow Juicer는 칼날을 쓰지 않고 스크루를 천천히 회전시켜 재료를 압축하면서 갈아서 주스로 만드는 기계다. 일반 주서는 칼날이 1분에 약 8,000~1만 5,000회 회전하지만 슬로 주서는 맷돌 같은 스크루가 1분에 30~45회 회전한다. 공기의 혼입이 적고, 재료가 산화되기 어려워서 영양소와 효소가 잘 파괴되지 않는다. 특히 토마토주스를 만들 때 편리하며 잎채소에도 가능하다. 부피가 커서 일반 바의 영업용으로는 적합하지 않겠지만 대량으로 칵테일을 만들 때는 매우 유용하다.

■ 착즙 후의 과육 → 건조 칩으로

슬로 주서는 짜낸 과즙과 짜고 남은 과육이 서로 다른 입구를 통해 나온다. 착즙 후의 과육은 대부분이 섬유질이지만 맛이 없지 않다. 얇게 펼쳐서 디하이드레이터로 건조시키면 과일 칩이 된다. 단, 파인애플·딸기 등 섬유소가 풍부한 과일이 적합하다. 포도·블루베리 등은 껍질의 떫은맛이 과일 칩에 남아 있으니 다시 믹서로 갈고 분말 상태로 만들어 사용한다.

## (6) 에스푸마 사이펀

'에스푸마'는 어떤 조건하의 액체에 아산화질소$N_2O$(또는 탄산가스$CO_2$ 대용)를 첨가해서 만드는 폼(아주 가벼운 무스 상태의 거품)을 말한다. 에스푸마를 만드는 용구를 여기서는 에스푸마 사이펀Espuma Siphon이라고 총칭한다. 즉석 휘핑크림을 만들거나 수프를 폼 상태로 만드는 등 아이디어에 따라 다양하게 활용할 수 있다.
아산화질소 가스용 기구인 에스푸마 어드밴스Espuma Advance는 전용 충전기에 연결해 가스를 공급해야 한다. '소다 사이펀Soda Siphon'과 '에스푸마 스파클링Espuma Sparkling' 같은 탄산가스용 기구는 카트리지식 일회용 캡슐을 사용한다. 원래는 탄산수 제조 기구지만 에스푸마의 레시피를 사용해서 비슷한 폼을 만드는 것이 가능하다. 단, 특유의 톡 쏘는 탄산감은 섞인다.

캡슐 장착식 '에스푸마 스파클링'

### ① 폼 생성[$N_2O$, $CO_2$ 사용]

이 기구의 사용법은 이렇다. 일정 수준의 유지방분을 가진 액체라면 가스를 주입하는 것만으로도 폼이 되지만, 보통은 거품을 유지하기 위한 응고제를 미리 액체에 넣는다. 젤라틴, 달걀흰자, 한천 외에 '프로에스푸마 콜드'라는 전용 응고제도 사용하기 쉽다.

에스푸마 자체는 딱히 새로운 것은 아니지만 폼의 응용 가능성은 무한하다고 생각한다. 예를 들어 폼을 액체질소로 짜내서 차갑게 굳히면 마카롱 같은 식감의 물질이 생긴다. 그 상태에서 차갑게 하고 다시 머들러로 으깨면 가랑눈 같은 분말이 된다.

### ② 급속 압력 인퓨징[$N_2O$, $CO_2$ 사용]

가스 압력을 사용해서 액체로부터 어떤 재료의 엑기스를 인퓨징(= 추출)할 수 있다. 구체적으로 다음과 같다.

1. 재료와 액체를 봄베[16]에 넣고 밀폐한다. 그다음 가스를 주입하고 잘 흔든다.
2. 다시 가스를 주입하고 한 번 더 잘 흔든다. 이 시점에 봄베 안에서는 강한 압력이 걸려 있는 상태가 계속되고 있다. 1회째에서 액체가 재료에 스며들고, 2회째에서 1회째에 스며들었던 엑기스가 밀려 나왔다가 다시 스며든다.
3. 이 상태에서 5분 정도 둔다.
4. 에스푸마의 배출구를 위로 향하게 한 뒤 가스만 천천히 배출한다. 그 후 뚜껑을 열고 내용물을 꺼내서 보틀링만 하면 된다. 이것으로 향기가 추출된다.

인퓨징 방법은 여러 가지(→ p.64~72)가 있지만, 급속 압력 인퓨징은 '엑기스 표면의 풍미를 추출하는' 데 있다. 재료는 각종 엑기스의 복합체로, 액체에 담그는 온도·시간·상태가 복합적으로 작용하면서 배어 나온다. 때로는 너무 많이 추출되기도 하지만 이 급속 압력 인퓨전은 재료에서 흘러나온 알기 쉬운 향기와 신선한 풍미가 추출된다. 반대로 오랜 시간을 들이거나 가열해야 나오는 향기와 맛은 추출할 수 없다. 오랜 시간 담그면 아린 맛이 나는 재료나 부드럽게 인퓨징하는 데 유효하다는 얘기다. 할라페뇨, 카카오닙스, 사프란, 산초, 쿠민, 로즈마리 등.

일상적으로 쓰는 방법은 아니지만 즉석에서 가볍게 칵테일에 향기를 더하고 싶은데, 재료를 으깨는 것만으로는 향기가 나지 않을 때 활용하고 있다.

### ③ 급속 마리네이드 + 탄산 첨가[$CO_2$ 사용]

급속 마리네이드에는 탄산가스$_{CO_2}$를 사용한다.

예를 들면 포도와 소테른 와인을 봄베에 넣고 2회 충전해서 가스를 주입한다. 우선 기구의 입구를 위로 향하게 해서 가스를 추출하고 포도를 꺼낸다. 먹어보면 소테른이 혼입된 톡 쏘는 포도가 완성되어 있을 것이다. 구멍을 낸 방울토마토 등으로도 똑같이 할 수 있다. 단, 무엇에나 활용할 수 있는 것은 아니다. 재료 자체에 액체가 혼입될 수 있는 작은 구멍이 있는 것, 들어온 액체가 쉽게 나갈 수 없는 껍질이 있는 것 등이 조건에 맞는다.

---

16 Bombe. 고압 상태의 기체를 저장하는 데 쓰는, 두꺼운 강철로 만든 용기. 흔히 압력계가 달려 있어 내부 압력을 알 수 있다.

## (7) 액체질소

공기를 냉각시켜서 생산된 액체 상태의 질소로, 대기 압력하 −196℃에서 액체로 존재하며 냉각재로 쓰인다.
알코올은 알코올 도수와 비슷한 온도에서 얼기 시작한다. 진이라면 −40℃ 직전에서, 알코올 70도의 보드카라면 −70℃ 직전에서 얼기 시작한다. 즉, 칵테일로 다루는 어떤 액체라도 액체질소로 얼릴 수 있다.

### [주의 사항]

액체질소의 끓는점은 −196℃. 상온에 꺼내면 액체로는 있을 수 없으며 하얀 증기가 나오면서 기화되어간다. 이때 646~729배로 팽창한다. 입하入荷~보관할 때는 '시벨Cebell'이라는 입구가 진공 밸브로 되어 있는 전용 용기에 들어 있는데, 취급할 때 엄중한 주의가 필요하다.

- 시벨에서 꺼내고 개방적인 용기에 넣어 사용한다. 밀폐되면 기화한 질소가 가득 차서 폭발할 우려가 있다.
- 사용할 공간을 반드시 환기해야 한다. 좁은 장소에서는 소량만 쓴다.
- 살짝 만지는 것만으로는 동상에 걸리지 않지만 계속 닿으면 동상에 걸릴 수 있다.
- '액체질소와 합쳐서 차갑게 한 액체'에 대한 주의는 더욱 중요하다. 액체에 섞인 액체질소가 전부 기화됐는지 확인하고(부글부글 대는 거품이 완전히 사라지고 나서) 칵테일로 제공한다.

### [액체질소 활용법]

#### ① 프로즌 칵테일

기본 사용법은 조합한 칵테일에 액체질소를 넣어 냉각하고 프로즌 칵테일로 만드는 것이다.

구체적인 흐름을 요약하면 다음과 같다.

1. 칵테일을 용기에 넣는다.
2. 액체질소를 적당량 넣고 잘 휘젓는다.
3. 원하는 상태까지 차갑게 굳고 나면 스푼으로 떠서 용기에 담는다.

액체질소를 사용하면 무엇이든 얼릴 수 있다는 것이 최대 이점이지만 그렇더라도 마티니의 액체질소 칵테일은 마실 수 있는 것이 아니다. 뭐든지 얼린다고 좋은 것은 아니며, 또 얼리는 데 액체질소가 만능인 것도 아니다. 신선한 파인애플을 사용한 나이트로젠 피냐 콜라다 Nitrogen Piña Colada는 섬유질이 입안에 남게 돼서, 크러시드 아이스와 믹서로 만드는 세미 프로즌Semi Frozen의 피냐 콜라다가 더 맛있게 느껴진다. 액체질소와 궁합이 잘 맞는 것은 우유, 달걀, 크림 계열이다. 즉석에서 젤라토나 아이스크림을 만들 수 있다. 모히토 등의 '스피릿 + 과즙 계열' 칵테일은 사용량은 적어도 되지만, 크림 계열은 그보다 2배 이상 되는 양 정도를 사용한다. 어떤 재료를 쓰든 냉각이 진행되면서 젤라토 상태에서 얼음으로 변한다. 그러므로 어떤 상태가 입속에서 녹을 때의 느낌과 맛으로 좋을지 판단해서 조정해야 한다.

■ 취급 포인트

액체질소는 닿는 것의 모든 열을 기화시켜 냉각한다. 칵테일에 그대로 넣으면 비중이 가벼운 액체질소는 표면에 떠오르고 표면 온도가 급격하게 내려간다. 그대로 두면 '위는 얼음, 아래는 액체'인 기묘한 상태가 되는데 따르자마자 스푼으로 휘저은 다음 액체를 섞어서 고루 냉각한다.

액체질소 전용 볼(안쪽이 진공으로 되어 있다)이 있으면 다루기 쉽지만, 틴이나 볼을 용기로 사용하면 따르는 순간 그 자체가 차갑게 되기 때문에 액체가 젤라토 상태가 되기 전에 안쪽 벽에 꽁꽁 얼어붙는다. 그렇게 되지 않도록, 더하고 나면 그 즉시 안쪽 벽의 얼어붙은 부분을 스푼으로 긁어서 고루 섞는다. 틴에 넣을 경우 잘 섞어서 젤라토 상태가 되면 주위에 젖은 물수건으로 감싼다. 그러면 곧 물수건이 얼면서 틴 안쪽의 언 부분이 녹아 쉽게 떠낼 수 있다.

급격하게 어는 액체질소는 녹는 것도 빠르다. 그래서 액체질소로 만든 프로즌 칵테일은 입에 넣는 순간 체온으로 금방 녹아서 그 느낌이 좋게 느껴진다. 녹아서 액체로 돌아가는 속도가 빠르니 진공 단열된 더블월 글라스처럼 열전도가 아주 낮은 용기에 담는다.

액체질소로 만든 칵테일은 그대로 냉동 보관이 가능하나, 여러 번 넣고 꺼내면 점점 굳는다.

### ② 나이트로젠 머들링

액체질소는 허브류도 순식간에 차갑게 만들어 얼게 한다. 이것을 머들러로 으깨면 분말 상태로 부서진다. 이 냉동 분말 상태를 칵테일과 블렌딩하면 신선한 상태에서 머들링하는 것보다 훨씬 진하게 맛과 색소를 추출할 수 있다. 바질·딜·민트·장미는 특히 더 좋다. 로즈마리처럼 잎이 굵고 어느 정도 딱딱한 것은 굵은 가지는 제외하고 잎만 냉각한 뒤 믹서를 사용해 분말 상태로 만든다.

신선한 민트 + 액체질소 → 머들러로 으깨서 냉동 분말로

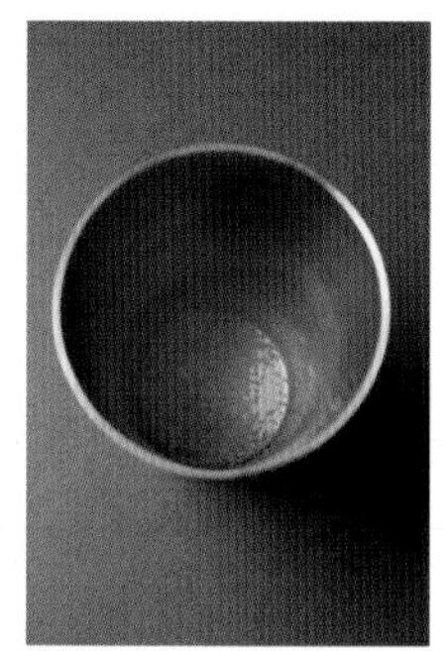

냉동 분말 민트 + 모히토 재료 + 액체질소
→ 스푼으로 섞어서 프로즌 모히토로

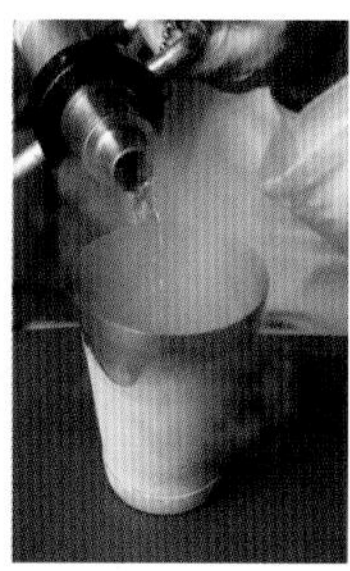
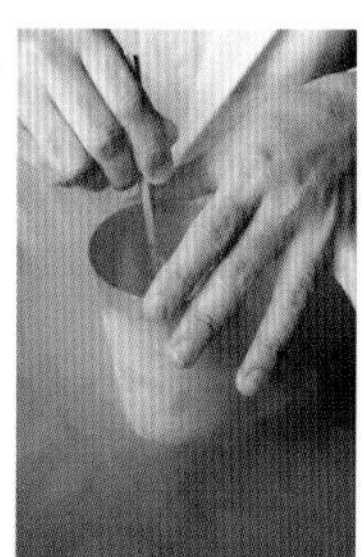

### ③ 나이트로젠 분말

액체질소로 재료 또는 액체를 차갑게 굳힌 뒤 머들러로 으깨면 냉동 분말이 된다. 토마토주스를 원심분리기로 맑게 걸러낸 클라리파이드 토마토주스(→ p.272)를 사용하면 하얀 토마토 분말이, 에스프레소나 넓게 펼친 피넛 버터 또한 분말이 된다. 점성이 있는 것이나 고체에 가까운 것은 그대로 굳기 때문에 어느 정도 액체로서 부드러운 것이 좋다. 분말 상태로 만든 것은 그대로 냉동 보관할 수 있다.

'액체의 분말화'는 액체질소로밖에 할 수 없다. '가수량을 고려해서 맛을 생각한다'라는 것은 칵테일로서의 발상이고, 재료 자체를 따로 얼린 조합이나 온도에 의한 텍스처에는 디저트로서의 발상이 필요하다.

## (8) 스모킹 건

여러 회사에서 제품이 나오고 있지만, 오래전부터 폴리사이언스의 제품을 애용하고 있다. 구조는 단순해서 훈연 칩을 넣는 부분이 있고, 손잡이의 윗부분에 모터가 달려 있으며 내부에는 팬이 있다. 스위치를 누르면 팬이 돌면서 바람을 내보내는데, 훈연 칩에 불을 붙이면 흡사 모닥불에 입김을 내뿜는 듯한 느낌으로 훈연 칩이 탄다. 거기서 발생한 연기가 튜브 호스에서 나온다.

훈연 칩은 목재, 위스키 오크통, 차, 허브, 향신료, 드라이플라워 등. 연기의 질이 진하기 때문에 타닌이 많은 타입은 연기에서 아린 맛이 난다. 나는 위스키를 숙성하던 오크통으로 만든 훈연 칩을 사용하고 있다. 오크통의 훈연 칩은 숙성 시에 타닌이 어느 정도 나와 있어 연기가 적당히 온화하다.

실제로 칵테일에 연기를 입히는 방법은 다음과 같다. ① 액체를 넣은 용기에 연기를 주입한 뒤 뚜껑을 덮고 몇 초~몇 분 정도 연기가 어우러지게 한 다음 글라스에 따른다. ② 글라스에 따른 칵테일에 돔(뚜껑) 같은 것을 씌운 뒤 조금 벌어진 틈으로 연기를 피워 넣고 밀폐해 액체에 흡착시킨다.

사용할 때 주의할 점은 2가지다.

- 함부로 연기를 내지 않는다. 카운터에서 사용하면 손님에게 연기가 갈 우려가 있다. 연기의 방향, 사용하는 양을 최소한으로 한다.
- 청소를 확실히 한다. 우드 칩에서 타닌과 진이 스며 나와 끈적끈적해지기 때문이다. 팬에도 그 진이 엉겨 붙어서 청소를 하지 않으면 작동하지 않게 된다. 단순한 구조이므로 여간해서는 고장이 잘 나지 않지만 팬·호스·메시 등 3가지는 이틀에 한 번꼴로 청소한다.

### [연기의 효과]

#### ① 아직 거친 위스키를 순하게

스피릿에 연기의 풍미를 입히면 맛이 달라진다. 단순하게 훈연 향이 입혀지는 것이 아니라 숙성이 진행된 것처럼 맛을 순하게 느끼게 할 수 있다. 포 로지스 옐로 라벨Four Roses Yellow Label, 올드 그랜 대드Old Grand-Dad 등 숙성이 10년 전후인 아직 거친 버번에 적합하다. 3회 정도 연기에 제대로 그슬리면 차츰 알코올감이 빠져나가면서 부드러운 맛이 되고, 훈연 향도 적당히 난다. '연기가 지닌 타닌 등의 성분이 독한 위스키의 틈으로 들어가 둥글둥글해진다'라는 이미지다.

반대로 맥켈란Macallan이나 밸런타인 등 부드러운 스카치위스키에 연기를 쐬면 단번에 밸런스가 나빠진다. 부드럽고 '둥글둥글한 풍미의 위스키'가 연기의 성분을 흡착함으로써 '날카롭게 변하는' 느낌이다. 덧붙여서 같은 아일라 계열이라도 보모어Bowmore, 쿨일라Caol Ila는 밸런스가 깨지고 킬호만Kilchoman, 아드벡Ardbeg은 밸런스 있게 완성된다. 라가불린Lagavulin은 연기의 흡착 시간에 따라 밸런스가 좋아질 수도 나빠질 수도 있다.
훈연 향 자체는 강하게 흡착되지 않기 때문에 스모크 스피릿을 만들면 그 자리에서 또는 여러 잔을 한꺼번에 만들어서 며칠 사이에 제공하는 것이 바람직하다.

#### ② 칵테일의 풍미를 위한 밸런스로

연기는 단맛에 흡착하는 성질이 있어 단맛이 있는 칵테일에 잘 어울린다. 초콜릿 계열, 에그노그[17] 계열, 우유 계열의 칵테일은 연기와 궁합이 아주 잘 맞는다. 이 책에서 소개하는 칵테일 중 '아로마 스모크 가르가넬라'(→ p.138)에도 다크 럼, 비터 리큐어의 쌉쌀하면서도 달짝지근한 맛이 있다. 반면 산미가 있는 것은 어울리지 않는다. 날카로운 맛이 더욱 두드러질 뿐이다.

연기도 '맛'이고, 그 성질은 '산'과 '쓴맛'이다. 그렇게 생각하면서 단맛에 대한 산, 단맛에 대한 쓴맛 등으로 더듬어가다 보면 궁합이 잘 맞는 것을 쉽게 이해할 수 있다.

---

17 Eggnog. 브랜디나 럼주에 우유·크림·설탕, 거품 낸 달걀 등을 섞어 만든 음료.

## (9) 소다 스트림

액체에 탄산을 주입하는 기구. 소다 사이펀(→ p.90)에도 같은 기능이 있지만, 소다 스트림Soda Stream은 가스 실린더가 60ℓ라서 연속 사용이 가능하다. 단순히 스파클링 드링크를 만들 때는 사용하기 편리하다. 탄산이 빠진 이후에도 손쉽게 추가할 수 있다.

원하는 대로 스파클링 드링크를 만들 수 있다. 홈 메이드 콜라, 진저비어, 토닉워터, 플레이버 소다, 티 소다…. 호지차에 탄산을 넣고 엘더플라워 코디얼과 화이트와인을 넣으면 맛있는 재스민 스프리처Spritzer가 된다. 탄산의 강도는 맛을 보고 판단한다.

홈 메이드 진저에일

홈 메이드 허니 진저 에센스(→ p.270) 45㎖에 물 100㎖를 넣고 탄산을 주입한다.

무알코올 진토닉워터

토닉워터 … 500㎖

주니퍼베리 … 25알

고수 씨앗 … 10알

건조 오렌지 필 … ½개분

건조 레몬 필 … ½개분

시나몬 … ⅓개

안젤리카[18](옵션) … 적당량

---

18 전체에서 독특한 향내가 나며 뿌리와 열매는 약용한다.

감초(옵션) … 적당량

1. 모든 재료를 차갑게 한 상태에서 전용 필름에 넣고 진공포장한다. 진공도는 85%.
2. 진공조리기 등을 이용해 60℃에서 1시간 가열한 뒤 냉장고에 하룻밤 둔다.
3. 다음날 진공 팩을 연 뒤 내용물을 걸러내면서 보틀에 넣고 탄산을 주입한다.

홈 메이드 콜라
오렌지 제스트 … 2개분
라임 필 … 1개분
레몬 필 … 1개분
시나몬 분말 … ⅛작은술
육두구(분말로 간 것) … 1개분
스타 아니스(빻은 것) … 1개
라벤더 꽃(말린 것도 가능) … ½개
간 생강 … 2작은술
바닐라빈 … 3㎝ 정도
구연산 … ¼작은술
그래뉴당 … 2컵
라이트 브라운 슈거 … 1큰술

1. 콜라 시럽을 만든다. 큼직한 냄비에 물 2컵과 설탕을 제외한 재료를 넣은 뒤 뚜껑을 덮고 20분 정도 약한 불로 끓인다. 그래뉴당과 브라운 슈거를 녹인 뒤 맛을 보고 걸러낸다. 잔열이 사라지면 보틀링한다.
2. 물 : 콜라 시럽 = 4 : 1로 섞고 탄산을 주입한다.

## ⑽ 증점제·겔화제·유화제

액체의 상태를 변화·안정시키기 위한 각종 첨가물을 몇 가지 소개한다.

■ 글리세롤
식물성 글리세롤 100%의 유화제(액체). 수분과 유지의 유화력을 높이고 아이스크림의 동결점을 낮춰서 부드러운 식감을 낼 수 있다. 코코넛 크림을 아이스크림으로 만들면 딱딱해지는데 글리세롤을 넣으면 부드럽게 완성할 수 있다. 적당량은 전체 양의 0.5~2%.

■ 슈크로 에뮬

슈크로 에뮬Sucro Emul은 사탕수수당 지방산 에스테르[19] 100%의 유화제(분말). 에어(→ p.55)를 만들 때 사용한다. 수분이 베이스의 액체(= 지방분이 없다)에 거품이 생성되게 할 수 있고 내구성이 좋으며 거품이 오래간다. 액체량의 0.5% 정도만 넣고 핸드블렌더로 거품이 잘 만들어지는 40℃까지라면 거품이 깨끗하게 생기지만, 40℃ 이상이면 잘 만들어지지 않는다. 더욱이 알코올 거품은 알코올 함유량이 20%까지가 상한이다. 유분이 들어가면 1 : 1이 한도.

■ 프로에스푸마 콜드

에스푸마(→ p.90)용 분말 증점제. 프로에스푸마 콜드PROESPUMA COLD는 폼을 만들기 위해서 액체에 보통 추가하는 젤라틴이나 건조 달걀흰자 대신 넣는다. 일반적으로 거품이 잘 생성되지 않는 재료도 깨끗한 폼으로 만들 수 있다. 첨가량은 액체의 2~10%. 핸드블렌더로 잘 휘저어 에스푸마 사이펀에 넣은 뒤 가스를 충전하고 제대로 흔들어 사용한다. 충전한 뒤 1~3시간의 냉장으로도 기포가 안정된다.

* 제공 온도가 35~70℃일 때 HOT 타입을 사용한다. 따뜻한 크림을 만들 수 있어서 아이리시 커피에 쓸 수 있다.

■ 식물성 젤라틴

탄력성이 뛰어나며 높은 투명도가 특징인 겔화제. 얇은 막을 만들 수 있다. 65℃ 정도에서 응고가 시작될 만큼 겔화의 속도가 빠르므로 간단하게 스페리피케이션Spherification(= 구체화. 액체를 젤리로 감싸서 공처럼 만든 상태. 입에 넣으면 젤리가 터지면서 칵테일이 나온다) 칵테일을 만들 수 있다.

<u>스페리피케이션 칵테일</u>

1. 칵테일에 겔에스페사(또는 다른 증점제)를 넣어 걸쭉하게 만든다. 과일 퓌레 정도의 점도면 쉽게 만들 수 있다. 한입 크기의 반구형으로 흐르게 한 뒤 냉동한다.
2. 코팅용 젤리 용액을 준비한다. 물 + 약 5~6% 양의 식물성 젤라틴 + 설탕 + 취향에 따라 리큐어.
3. 얼린 1을 70~75℃의 젤리 용액에 1개씩 담갔다 뺀다.
4. 상온에 두어 속에 있는 칵테일이 녹기를 기다렸다가 서빙한다.

<u>화이트 메리 스페리피케이션</u>

1. 코팅용 젤리 용액을 만든다. 냄비에 물 500g, 설탕 50g, 식물성 젤라틴 25g을 넣고 상온

---

19 지방산 에스테르 지방산의 카복시기와 알코올의 하이드록시기와의 반응에서 물이 제거되어 생긴 유기 화합물.

에서 섞은 뒤 불에 올려 끓인다.

2. 토마토 과즙을 맑게 걸러낸 '클리어 토마토 워터' 30㎖와 겔에스페사(증점제) 적당량을 상온에서 섞는다. 반구형 실리콘 몰드에 흐르게 한 뒤 냉동실이나 쇼크 프리저[20]에 얼린다.

* 알코올을 넣고 싶다면 알코올 도수를 15% 이하로 한다. 알코올 도수가 높으면 잘 굳지 않는다. 여기서는 칵테일을 따로 만든 뒤에 서빙할 때 곁들인다.

3. 2를 1의 젤리 용액에 살짝 담갔다 뺀다. 이때 젤리 용액의 적정 온도는 70~75℃다.

* 구체에 재봉용 바늘을 꽂아서 담갔다 빼면 작업성이 좋다. 단, 반구체 자체가 걸쭉하지 않다면 너무 얼어서 바늘이 꽂히지 않는다.

4 조금 시간을 두고 기다렸다가 속에 얼린 액체가 녹으면 우동 스푼 위에 올려놓는다. 바질 진 10㎖, 작은 바질 잎 1장, 블랙페퍼 적당량, 올리브오일 3방울, 레몬 3㎖를 뿌린다. 이것을 샴페인에 곁들여서 서빙한다.

---

20 일반적으로 급속 냉동기의 한 종류로 불리기도 하는 쇼크 프리저(Shock Freezer)는 3℃ 전후의 식자재를 −18℃ 정도까지 급속으로 냉동시키는 것이 가능하다.

# 제 4 장

# 칵테일 컬렉션

## 칵테일 레시피의 범례

### [재료 표기]

- 주스(레몬주스, 자몽주스 등) : 신선한 과일에서 짜낸 과즙을 사용
- 생크림 : 유지방 38% 사용
- 슈거 시럽 : 카리브Carib를 사용
- 탄산수 : 윌킨슨Wilkinson을 사용
- 레몬 필 : 레몬 껍질의 흰 부분을 조금만 남겨놓고 깐 뒤 적당한 크기로 자른 것
- '레몬 필을 비틀어 향을 더한다' :
  칵테일의 위쪽에서 레몬 필을 비틀어 껍질의 유분(향기 성분)을 날린 뒤 뿌리는 것
- '레몬 제스트를 깎아 넣는다' :
  레몬의 제스트(껍질)를 마이크로플레인 그레이터로 깎아 칵테일에 직접 넣는 것

### [단위]

- 1tsp.(티스푼) = 바 스푼으로 1스푼
- 1drop(드롭) = 1방울
- 1dash(대시) = (비터스) 1번 흔들면 나오는 양. 약 1ml.

### [스터링 : 레시피에 없더라도 다음의 과정을 실시한다]

① 스터링 직전에 재료들을 시음용 글라스에 넣고 잘 섞는다(= 프리믹스premix). 혼합한 액체를 '프리믹스'라고 표현한다.

② 유리 믹싱 글라스에 얼음을 넣고 린스(물을 부어 얼음을 헹군 뒤 버린다)한 뒤 프리믹스를 넣는다.
  - 얼음은 '부순 얼음을 약 3.5㎝ 크기로 깎은 각얼음'을 '5개' 사용한다.
  - 린스는 '상온의 재료라면 찬물', '냉동된 재료라면 상온수'를 사용한다.
  - 프리믹스를 넣기 전에 얼음의 상태를 확인한다. 표면에 성에가 끼는 상태가 좋다.

③ 스터링할 때는 바 스푼을 중간 속도로 휘젓기 시작해 속도를 줄여 천천히 섞어서 완성한다.

④ 스트레이너로 내용물을 걸러내면서 액체를 글라스에 따른다.

### [셰이킹 : 사용 도구 표기]

- '셰이커' : 코블러 셰이커를 사용.
- '틴' : 보스턴 셰이커를 사용. 기본적으로는 쇼트 틴을, 액체의 양이 많으면 롱 틴을 사용한다.

# 1 클래식 + α

## Classic plus alpha

클래식 칵테일은 모든 칵테일의 기본이자 모든 것이 담겨 있는 칵테일의 전당이며 몇 번이고 다시 되돌아오는 시작점이다. 이에 대한 이해와 사고방식이 제대로 정립되어 있지 않다면 아무리 창의적인 칵테일을 생각해내더라도 완성도가 떨어질 수밖에 없다. 베이스 재료를 최대한 살리고 조합한 것에서 그 이상의 맛을 끌어내는 것이 클래식 칵테일의 본질이다. 같은 재료, 같은 분량이라도 만드는 사람에 따라 맛이 달라지는 이유는 기술에 따라 재료에서 끌어내는 것이 다르기 때문이다. 그 안에 기술과 깊은 고찰이 있다. 기본을 바탕으로 칵테일의 질을 한층 더 높일 수 있는 비법과 중요 포인트를 정리했다.

# 마티니

## Martini

30ml 진 / 고든스Gordon's Dry Gin 43%(1990~2000년대 유통 제품)
20ml 진 / 텐커레이 넘버 텐Tanqueray No. TEN
5ml 진 / 키노비KI NO BI(季の美)
5ml 노일리 프랏 드라이Noilly Prat Dry[베르무트]
3drops 노르즈 오렌지 비터Noord's Orange Bitter
레몬 필

얼음 –
글라스 칵테일글라스
가니시 그린 올리브
테크닉 스터링

① 시음용 글라스에 모든 재료를 넣고 잘 섞는다. ② 믹싱 글라스에 얼음을 넣고 찬물로 린스한다. ③ 프리믹스를 얼음 위에 돌려가면서 부은 뒤 스터링을 하는데, 중간 속도로 휘젓기 시작해서 서서히 속도를 줄인다. ④ 완성된 마티니를 칵테일글라스에 따르고 올리브를 칵테일 픽에 꽂아 장식한다. ⑤ 레몬 필을 비틀어 향을 더한다.

수많은 오리지널 레시피와 만드는 방식이 있는 마티니. 세계 어디서든 마실 수 있고, 마시는 사람이나 만드는 사람 모두 자기 취향에 맞는 최고의 마티니를 찾는다. 그래서 마티니를 '칵테일의 왕'이라 부르는 것이리라. 마티니를 만들 때 중요한 것은 첫째가 배합이고, 그다음이 스터링이다. 스터링이란 단순히 휘젓는 작업이 아니라 물을 조절하는 기술이다. 스터링해서 물을 더하는 속도(가수 속도)와 양을 조절하면 맛이 극대화되고 순해지며, 무엇보다도 맛이 안정된다. 이토 마나부에게서 스터링을 배운 경험이 이 레시피의 기초가 되었다.

진은 기본적으로 2종을 블렌딩(혼합)하는데, 여기서는 악센트로 한 가지를 더 사용했다. '메인'은 고든스로, 주니퍼베리 향이 진하게 나며 점성이 강한 것이 특징이다. '플레이버'로는 텐커레이 넘버 텐을 사용했다. 이것이 감귤류의 향미와 단맛을 담당한다. 마지막으로 키노비가 '악센트' 역할을 하는데, 유자·편백나무·녹차 등의 일본풍 향미가 풍부하게 섞여 있어 5mℓ만 넣어도 향이 올라온다. 이 3가지를 합쳐서 '하나의 진'으로 생각한다. 메인인 진이 중요한데, 보디감이 안정되어 있어야 한다. 플레이버는 메인과의 궁합이 좋아야 한다. 이 2가지만 블렌딩해도 맛있다는 사실이 중요하다. 악센트는 마지막에 가미하는 것으로, '더욱 깊고 풍부하며 여운이 남는 칵테일을 만들 수 있게 돕는다'. 하지만 악센트가 플러스로 작용하지 않는다면 넣을 필요는 없다. 악센트는 어디까지나 마지막에 넣는 첨가제일 뿐이다.

베르무트는 노일리 프랏을 사용했지만, 진과의 궁합을 고려해서 브랜드를 정하면 좋다.

예를 들면 친자노[1]는 로즈마리 향이 강해서 올리브, 향신료 계열의 진과 궁합이 맞는다. 오렌지 비터스[2]도 궁합을 고려해서 브랜드를 정한다. 순서를 정리해보면 다음과 같다.
① 맛있게 블렌딩된 진이 생긴다.
② ①과 궁합이 맞는 베르무트를 고른다.
③ ① + ②와 궁합이 맞는 오렌지 비터스를 고른다.

왜 한 종류의 진으로 만들지 않을까? 한 종류만 써도 문제는 없다. 다만, 자신이 만들고 싶은 마티니를 떠올렸을 때 한 가지만으로는 부족하다고 느낄 수 있다. 진은 본디 다양한 보태니컬 재료와 스피릿을 블렌딩해서 만드는 것이다. 그러니까 여러 브랜드의 진을 블렌딩해보자. 목표는 최고의 마티니를 떠올려보고 거기서부터 되짚어가며 자기 나름의 조합을 구축하는 것이다.

1 이탈리아 친자노회사(Cinzano)의 베르무트 술.
2 귤껍질의 엑기스를 뽑은 것. 쓴맛 이외에 오렌지 향기가 있어 칵테일에 이용된다.

진토닉

# 진토닉

## Gin Tonic

**[기본 레시피]**

40ml 진
¼개 라임
80ml 토닉워터Fever-Tree

얼음 작게 부순 얼음 4~5개
글라스 텀블러
테크닉 빌딩

① 글라스에 얼음을 채우고 탄산수로 얼음을 한 번 씻어낸다. ② 조각 라임의 중심부를 짜기 쉽도록 깊게 잘라낸 뒤 과즙이 잘 들어가도록 글라스 윗부분의 60도의 각도에서 짜낸다. ③ 진을 따른 뒤 가볍게 섞고 토닉워터를 붓는다. ④ 바 스푼으로 글라스의 바닥 부분을 가볍게 2번 두드린 뒤 글라스 중간쯤에서 시계 방향으로 한 번 돌려서 횡대류를 만들고 그대로 위로 빼낸다.

**[크래프트 진 버전]**

40ml 크래프트 진(향미가 강하거나 복합성을 띠는 타입)
5ml 라임주스
80ml 토닉워터Fever-Tree
20ml 탄산수
라임 필

얼음 각얼음 3개
글라스 텀블러

① 글라스에 얼음을 채우고 탄산수(분량 외)로 씻어낸다. ② 진, 라임주스 순으로 넣고 가볍게 섞은 뒤 토닉워터, 탄산수 순으로 부어서 바 스푼으로 1회전만 스터링한다.

크래프트 진의 등장은 진토닉을 변화시켰다.
크래프트 진이 글로벌 마켓에 나타난 것은 2010년 전후의 일이다. 이어서 토닉워터에도 새로운 타입이 생겨났다. 진토닉이라는 것이 재검토되고 만드는 법도 더욱 다양해졌다.

이 기본 레시피는 이토 마나부의 기술을 베이스로 한 일반적인 진토닉이다. 진토닉은 '진을 맛보는 것' 또는 '토닉워터를 맛보는 것' 등 각자 바라보는 시선은 다양하지만, 기본적으로 칵테일이 섞이는(또는 섞인) 것이니만큼 진·라임·토닉워터가 삼위일체가 된 묘미를 살릴 필요가 있다. 섞는 방법에 따라 어떻게 알코올·탄산·산미를 하나로 융합시키는가가 포인트다. ¼개가 들어가는 라임은 중심 부분을 잘라서 한 번 짠 다음 즙을 떨어뜨리고, 스터링 기법으로 탄산을 약간 날리면서 단번에 섞어 액체에 산미가 녹아들게 한다. 이렇게 하면 신기하게도 강한 산미는 느껴지지 않는다. 진의 플레이버, 라임의 상쾌함, 토닉워터의 쌉쌀하면서도 달짝지근한 맛을 어우러지게 할 수 있다.

다만, 베이스의 진에 크래프트 진이나 홈 메이드 플레이버 진을 쓰려면 레시피를 약간 바꿔야 한다. 기본 레시피로 산초 진토닉, 와사비 진토닉을 만들었을 때 기존 진토닉의 팬인 손님에게서 예전 진토닉이 더 좋다는 의견을 많이 받았다. 기본 레시피는 세 요소를 어떻게 일체화시키는지 목적으로 하지만, 진 자체의 플레이버를 강하게 느끼게 하고 싶은 경우엔 적합하지 않다는 것을 알았다.

크래프트 진은 시트러스 타입, 플로럴 타입, 주니퍼 클래식 타입, 향신료 타입 등 매우 다양하다. 그 진의 맛을 중심으로 맛보고 싶고, 맛보게 되고 싶은 경우라면 '진에 대한 간섭을 줄여야' 한다. 얼음은 큼직한 각얼음 3개를 사용한다. 한 덩어리여도 된다. 작은 얼음에 비해 큰 얼음은 표면적이 적다 = 간섭이 적다 = 탄산이 적게 튄다 = 자극보다 풍미를 중시한 것이다.
라임은 5㎖를 기본으로 설정하고 과즙만 추가한다. 토닉워터 : 탄산수 = 8 : 2인 이유는 Fever-Tree의 토닉워터는 쓴맛이 강해서 탄산수를 조금 넣어야 진의 맛이 쉽게 나오기 때문이다. 이 레시피로 만들면 진의 본연의 맛이 전면으로 나와서 맛을 비교해봐도 알기 쉽다. 이후는 사용하는 진에 따라 얼음, 라임의 양, 글라스를 바꿔 최고의 레시피를 찾는 것이 좋다.

진토닉 베리에이션도 있다. 코파 글라스Copa Glass나 와인글라스 등을 쓴 것이다. 향기가 잘 느껴지면서, 허브와 향신료를 넣어 비주얼을 더 돋보이게 하고 싶어 준비해보았다. 그리고 한낮, 아페리티프, 술을 꽤 마신 뒤의 마지막 한 잔 등 진토닉이 잘 어울리는 상황이 있다. 한낮

큼직하게 조각낸 각얼음 × 1개에 부은 진토닉(왼쪽), 조금 작은 얼음 × 여러 개에 부은 진토닉(오른쪽). 얼음이 큰(= 간섭이 적은) 쪽이 탄산이 적어 보인다.

에는 큼직한 글라스로 벌컥벌컥 마실 수 있는 타입이 좋다. 아페리티프에는 기본 레시피로 만든 진토닉이 술술 마시기 쉽다. 마무리를 위한 한 잔이나 차분히 마시고 싶을 때는 크래프트 진으로 만들어야 더욱 깊은 풍미를 느낄 수 있다.

프리저 진토닉은 가게를 열었을 때부터 수년간 제공해오던 단골 메뉴 중 하나다. 미리 섞어서 글라스째 냉동하니 하루에 10잔 정도만 제공할 수 있다. 그 이후에는 바빠져서 어쩔 수 없이 메뉴에서 뺐지만 지금도 이 진토닉이 정말 맛있다고 생각한다. −25℃ 냉동고에서 냉동되므로 일반 진토닉보다 훨씬 차갑다. 그리고 라임을 하룻밤 진에 담가두는 형식이라 라임의 성분이 고루 배어들어서 진과 깔끔하게 일체화된다. 글라스에 따른 뒤 셔벗이 서서히 녹아서 맛이 변하는 것도 좋다. 이 레시피는 2007년, 칵테일 자체를 냉동하면 어떻게 되는지 테스트하다가 발견했다. 사이드카도 똑같이 만들 수 있다. 셰이킹하기 전의 블렌드를 그대로 칵테일글라스에 넣어 하룻밤 냉동하면 표면이 젤리 같은 반 셔벗 상태가 되어 누진한 칵테일이 된다. 단, 셰이킹은 하지 않는다. 셰이킹하면 −25℃를 밑돌아서 얼어버린다.

# 프리저 진토닉

## Freezer Gin Tonic

30ml 진(선호하는 브랜드)
1/8개 라임
60ml 토닉워터Fever-Tree
20ml 탄산수
라임 필

얼음 부순 각얼음 3개
글라스 텀블러

① 글라스에 진을 넣고 조각 라임을 짜낸다. ② 글라스에 얼음을 채우고 얼음이 부드럽게 글라스 안을 돌게 될 때까지 스터링한다. 스터링은 8~10회 전후가 기준이다. ③ 그대로 −25℃ 냉동고에 넣어 하룻밤 둔다. ④ 주문이 들어오면 냉동고에서 꺼내고, 바 스푼으로 글라스의 바닥에 있는 셔벗 상태가 된 진과 라임을 가볍게 누른다. ⑤ 토닉워터, 탄산수를 얼음에 부딪히지 않도록 따른 뒤 가볍게 섞고 셔벗 상태의 진을 위에 띄우듯이 섞는다. ⑥ 마지막에 라임 필을 비틀어 향을 더한다.

# 허니 진저 모스코 뮬

## Honey Ginger Moscow Mule

40ml 보드카 / 그레이 구스Grey Goose
2tsp. 허니 진저 에센스(→ p.270)
½개 얇게 썬 라임
120ml 진저비어Fentimans

얼음 부순 얼음
글라스 구리 머그컵
테크닉 빌딩

① 구리 머그컵에 라임을 얇게 썰어 넣고 머들러로 부드럽게 으깬다. ② 보드카와 홈 메이드 진저 에센스를 넣고 얼음을 채운다. ③ 진저비어를 부어 글라스를 채운 뒤 가볍게 스터링한다.

가게를 연 이후로 홈 메이드 진저 에센스로 만든 이 모스코 뮬은 항상 높은 인기를 자랑한다. 심플하면서도 클래식한 칵테일에 얼마나 신선한 인상을 줄 수 있는가를 테마로, 2009년 베이스 레시피를 고안한 뒤 미세한 변화를 거듭해가며 지금에 이르렀다. 처음에는 간 생강에 향신료와 단맛을 더해 끓인 것을 보드카에 직접 넣었지만, 개점하고 나서 2개월 후 범용성을 고려해 꿀이 들어간 진저 에센스를 개발했다. 2012년에 에바포레이터로 진저 보드카를 만들고(보드카 자체가 생강 엑기스와 잘 어울린다) 사용해봤지만, 손님이 원래의 레시피를 원해서 처음 레시피로 되돌아갔다. 생강을 두드러지게만 하면 되는 것이 아니라 어디까지나 베이스 위에 신맛, 매운맛, 단맛이 균형 있게 조화를 이뤄야 한다.

이 레시피는 뭐니 뭐니 해도 홈 메이드 진저 에센스가 중요하다. 이 에센스를 넣으면 누구든지 맛있는 모스코 뮬을 만들 수 있다. 처음에는 '홈 메이드 진저에일의 재료'라는 식의 비교적 단순한 레시피였지만, 한층 더 깊이를 더하기 위해 꿀을 태우고, 여러 결이 있는 청량감을 위해 레몬그라스를 넣고 향신료를 재조합하는 등 풍미를 되살리는 데 주력했다.
다음으로 세로 주름이 조금 들어간 부드러운 라임을 매번 직접 짜는 것이 중요하다. 단단한 라임으로는 과즙이 충분히 나오지 않는다. 라임을 손으로 짜다가 머들러로 으깨게 된 이유는 주문이 많아서 라임의 기름과 산 때문에 손이 심하게 거칠어진 데다 하루에 30잔이나 만들다 보니 단단한 라임을 짜다가 점점 악력이 떨어졌기 때문이다.
베이스 스피릿을 버번, 아일라 위스키, 메스칼 등으로 하면 무수히 많은 베리에이션이 생겨난다. 그 토대를 이 레시피가 지탱하고 있다.

# 맨해튼

## Manhattan

30ml 라이 위스키 / 윌렛 에스테이트Willett Estate Rye 55°
15ml 위스키 / 캐나디안 클럽 고주古酒 Canadian Club(1970년대 유통 제품)
15ml 만치노 베키오Mancino Vecchio[베르무트]
5ml 카르파노 푼 테 메스Carpano Punt e Mes(1980년대 유통 제품)[베르무트]
1dash 밥스 애봇 비터스Bob's Abbotts Bitters

얼음 –
글라스 칵테일글라스
가니시 칵테일 체리
테크닉 스터링

① 믹싱 글라스에 얼음, 프리믹스한 재료를 넣어 스터링한다. ② 스트레이너로 얼음을 걸러내면서 글라스에 따른다. ③ 칵테일 픽에 체리를 꽂아 장식한다.

전 세계의 위스키 칵테일을 좋아하는 사람들이 선호하는 베스트셀러 칵테일 중 하나. 여러 설이 있지만, 그중에서도 1880년대에 제니 제롬Jennie Jerome(훗날 처칠의 어머니) 여사가 뉴욕 맨해튼의 한 클럽에서 개최한 파티에서 고안되었다는 것이 가장 유력하다. 모친은 맨해튼을 아끼고, 아들인 윈스턴 처칠은 마티니를 사랑한 것도 뭔가 의미 있어 보인다. 클럽에서 선보인 칵테일은 라이 위스키와 베르무트에 똑같이 오렌지 비터스가 들어간 것이었다. 이 칵테일의 베이스에 마르티네즈Martinez를 썼을 수도 있지만 확실하지 않다. 드라이, 스위트, 퍼펙트 등 밸런스를 달리한 다른 명칭의 맨해튼도 많이 등장했다.

맨해튼의 매력은 위스키와 베르무트의 향기와 맛을 어떻게 겹치고 일체화시켜서 여운으로 늘릴 수 있을지에 달려 있다. 올드한 위스키를 사용함으로써 원숙한 복합미가 더해져 풍미가 깊으면서도 여운을 찬찬히 즐길 수 있는 맨해튼을 만들 수 있다. 빈티지 위스키는 고가이지만 캐나디안 클럽은 아직 비싸지 않으니 여러 병을 한꺼번에 사두면 유용하다. 단, 묵은 맛이 나기도 하는 1980년대 이전에 제조된 것은 사용할 수 없다. 빈티지 보틀이라고 해서 다 맛있는 것은 아니므로 한 병씩 열어서 '살아 있는지' 확인할 필요가 있다.

각 아이템의 궁합도 중요하지만, 글라스에 넣기 전에 프리믹스해서 향기가 어우러지게 한 뒤에 스터링하면 술 자체가 섞이는 운동을 거의 마친 상태이므로 더욱 일체가 된 맛으로 완성할 수 있다.

# 맨해튼 익스피리언스

## Manhattan Experience

30ml 라이 위스키 / 믹터스
Michter's Single Rye
15ml 위스키 / 캐나디안 클럽 셰리 캐스크Canadian Club Sherry Cask
20ml 카르파노 안티카 포뮬라
Carpano Antica Formula[베르무트]
7.5ml 라즈베리 슈럽(→ p.269)
4drops 비터멘스 오차드 스트리트 비터스
Bittermens Orchard Street Bitters

얼음 –
글라스 칵테일글라스
가니시 칵테일 체리
테크닉 스터링

① 모든 재료를 40잔 분량만큼 계량하고 3ℓ들이 아메리칸 오크통에 넣어 냉암소에서 2개월간 숙성시킨다. ② 얼음을 넣은 믹싱 글라스에 1잔 분량을 스터링한다. ③ 스트레이너로 얼음을 걸러내면서 칵테일글라스에 따른다. ④ 칵테일 픽에 체리를 꽂아 장식한다.

'숙성 버전의 맨해튼'이다. 이 칵테일을 고안했던 2013년에는 맨해튼을 주문하는 사람이 많지 않았고 위스키 칵테일은 인기가 별로 없었다. 그러나 세계적으로 버번 칵테일이 갑자기 인기를 얻고 있었던 시기이기도 하고, 맨해튼으로 뭔가 새로운 것을 만들고 싶다는 생각에서 만들었다. 비니거를 숙성하면 산酸이 원만해지고 독특한 향기가 난다. 그렇다면 '칵테일과 비니거를 함께 오크통에서 숙성시키면 어떻게 될까' 하는 생각에 라즈베리 슈럽을 만들어서 레시피에 추가하고 숙성시킨 결과, 굉장히 만족스러웠다. 한 달 정도라면 아직 산미가 느껴지지만, 두 달이 지나면 산이 부드럽게 숨으면서 향기와 함께 일체감이 생긴다. 이것은 새로운 맨해튼의 경험이라는 생각이 들어서 '맨해튼 익스피리언스'라고 이름을 붙였다. 손님들에게 인기가 있어서 요즘도 꾸준히 만들고 있다. 베이스 위스키는 취향에 따라 바꿔도 좋다.

# 럼 맨해튼

## Rum Manhattan

| | |
|---|---|
| 30ml | 럼 / 샤마렐 모스카텔 캐스크 피니시Chamarel Moscatel Cask Finish |
| 15ml | 코냑 / 라뇨 사부랑XORagnaud Sabourin XO No. 25 |
| 10ml | 코키 베르무트 디 토리노Cocchi Vermouth di Torino[베르무트] |
| 5ml | 카르파노 푼 테 메스Carpano Punt e Mes(1980년대 유통 제품)[베르무트] |
| 5ml | 팔로 코르타도Palo Cortado[3] / 곤잘레스 비야스 아포스톨레스Gonzales Byass Apostoles[셰리] |
| 1dash | 피 브라더스 월넛 비터스Fee brothers Walnut Bitters |

얼음 –
글라스 칵테일글라스
가니시 칵테일 체리
테크닉 스터링

① 믹싱 글라스에 얼음, 프리믹스한 재료를 넣어 스터링한다. ② 스트레이너로 얼음을 걸러내면서 칵테일글라스에 따른다. ③ 칵테일 픽에 체리를 꽂아 장식한다.

럼 베이스의 맨해튼에는 여러 레시피가 있지만, 모리셔스에 갔을 때 구매한 모스카텔 피니시의 샤마렐이 매우 맛있어서 구할 수 있는 한 이것을 사용하고 있다. 코키의 베르무트는 모스카토종의 와인이 베이스라서 궁합이 잘 맞는다. 코냑은 화려함, 푼 테 메스는 쓴맛, 아포스톨레스는 한층 더 복합성을 더하는 역할을 한다. 구성상의 특징은 '샤마렐 + 코냑' = 베이스, '코키 + 푼 테 메스 + 아포스톨레스' = 플레이버, '월넛 비터스' = 전체를 잡아주는 역할이다.

럼 1종과 베르무트 1종의 조합으로는 복층적인 풍미를 만들기 어렵다. 서로 궁합이 잘 맞는 파트너를 찾아 조합해봐야 절묘한 밸런스를 가진, 복합적인 맛이 있는 풍미가 생겨난다.

---

3 향기로운 맛과 헤레스산 백포도주 냄새가 나는 셰리주.

# 네그로니

## Negroni

30ml 진 / 봄베이Bombay Dry Gin(냉동)
20ml 캄파리Campari(냉동)
20ml 카르파노 안티카 포뮬라Carpano Antica Formula[베르무트](냉장)
오렌지 필

얼음 록 아이스
글라스 두꺼운 록 글라스
테크닉 스터링

① 시음용 글라스에 재료를 넣고 프리믹스한다. ② 믹싱 글라스에 얼음을 넣고 상온의 물로 린스한다. ③ 프리믹스한 내용물을 얼음 위에 돌려가면서 부어준 뒤 스터링을 하는데, 중간 속도로 휘젓기 시작해서 서서히 속도를 줄인다. ④ 완성된 네그로니를 글라스에 따르고 오렌지 필을 비틀어 향을 더한다.

누구나 아는 스탠다드 칵테일로, 전 세계에서 즐기는 메뉴이며 네그로니 전용 칵테일 북이 나올 정도로 인기가 많다. 일반적인 레시피는 재료의 양이 모두 같지만, 진을 넉넉하게 넣어야 풍미에 깊이가 생기고 맛도 더욱 안정된다. 네그로니를 좋아하는 사람 중에 알코올이 약한 사람은 별로 없다. 강하고 씁쓸하며 마실 만한 가치가 있는 칵테일로서 네그로니를 주문한다. 진을 늘려서 플레이버를 강하게 하는 편이 더욱 복층적인 맛을 만들기 쉽고 애주가의 요청에도 부합된다.

각 재료의 온도대가 같은 편이 섞기 쉽지만, 나는 위의 레시피대로 만들고 있다. 네그로니는 중후함이 필요하기에 재료는 최대한 온도가 낮은 상태로 해서 점성을 갖게 하고, 쓴맛을 제대로 드러내는 것이 바람직하다. 온도가 높으면 캄파리와 베르무트의 단맛이 더욱 두드러지게 된다. 캄파리는 냉동해두면 쓴맛 안의 달콤함이 억제되어 액체가 걸쭉해진다. 진도 냉동해둔다. −20℃에서 스터링하기 시작해 온도를 누그러뜨리면서 섞어 '어떤 지점'에 접근하는 것과, 상온 20℃에서 얼음을 넣고 차갑게 하면서 접근하는 것은 얼음에 미치는 열량과 그로 인해 녹는 물의 분량이 크게 다르다. 스터링하는 시간을 길게 잡아 온도 조절을 하면서 가수량을 컨트롤하려면 원래의 액체는 차갑거나 0℃여야 물리적으로도 더 쉽다.

# 브리티시 네그로니

## British Negroni

15ml 진 / 헨드릭스Hendrick's Gin(냉동)
15ml 얼그레이 진(냉동)(→ p.263)
30ml 캄파리Campari(냉동)
30ml 카르파노 안티카 포뮬라Carpano Antica Formula[베르무트](냉장)
0.2ml 밥스 오렌지 & 만다린 비터스Bob's Orange & Mandarin Bitters
0.2ml 밥스 애봇 비터스Bob's Abbotts Bitters

얼음 록 아이스
글라스 두꺼운 록 글라스
테크닉 스터링

① 시음용 글라스에 재료를 넣고 프리믹스한다. ② 믹싱 글라스에 얼음을 넣고 상온의 물로 린스한다. ③ 프리믹스를 얼음 위에 돌려가면서 부은 뒤 스터링을 하는데, 중간 속도로 휘젓기 시작해서 서서히 속도를 줄인다. ④ 완성된 네그로니를 얼음을 넣은 글라스에 따른 뒤 오렌지 필을 라이터(또는 가스 토치)로 그슬리면서 비틀어 유분을 날려 향을 더한다.

네그로니의 베리에이션은 굉장히 다양하다.
이 네그로니는 2011년 홍콩의 '오리진Origin'에 게스트 바텐더로 초대됐을 때 헨드릭스 진 아시아 홍보대사인 에릭 앤더슨Eric Andersen을 위해 만든 것이다. 이후 네그로니를 좋아하는 손님들의 요청으로 가끔씩 만들고 있다. 이 네그로니는 얼그레이 향이 다른 재료와 매우 잘 어울린다. 하지만 베이스 스피릿을 모두 얼그레이 진으로 하면 느끼해질 수 있으니 반 정도만 넣는다.

네그로니를 베리에이션할 때는 베이스 스피릿, 캄파리, 베르무트를 각각 다른 것으로 바꾸거나 블렌딩한다. 일반적인 예로는 베이스 스피릿을 메스칼, 다크 럼, 버번 등으로 바꾼다. 버번 베이스로 하면 칵테일 이름이 아예 달라지지만, 넓은 의미에서 네그로니의 베리에이션이라 생각해주기 바란다. 나는 히노키 진, 현미차 진, 머위꽃 진, 와사비 진, 산초 진 등의 오리지널 인퓨즈드 스피릿을 주로 사용한다. 구체적으로 '캄파리 : 루트 & 비터 오렌지 계열', '베르무트 : 와인 & 향신료 계열' 등으로 조합해 맛의 카테고리를 파악하고 궁합이 잘 맞는 것을 고른다. 요소를 가로로 늘어놓고 '루트 + 오렌지 + 와인 + 향신료 + ○○○', 여기서 ○○○을 전체적인 궁합을 고려해서 생각해보는 것이다. 얼그레이와는 아주 잘 맞는다. 머위꽃은 채소라고 생각하면 맞지 않아 보이지만, 루트 = 쓴맛 부분에 공명한다. 와사비는 향신료, 현미차는 언급된 재료의 모든 것과 잘 맞는다.

복합적인 쓴맛을 창출하기 위해 아마로, 캄파리, 페르넷 브랑카Fernet Branca 등을 적당량 블렌딩하거나 카르파노 안티카 포뮬라를 베이스로 해서 쓴맛의 증강과 깊이를 주기 위해 올드한 푼 테 메스를 블렌딩하는 등의 방법도 좋다. 그때는 맛의 강약의 밸런스, 역할을 충분히 생각하고서 섞어야 한다.

# 사워 칵테일

사워 칵테일은 1862년 제리 토마스가 저술한『How to Mix Drinks』에 기록된 이래, 현재까지 많은 베리에이션과 변화를 만들어가고 있다. 예전에는 넓은 의미에서 마르가리타와 사이드카도 사워 칵테일의 일종이라 여겨졌지만, 현재는 베이스 스피릿에 감귤 과즙, 슈거 시럽, 달걀흰자를 넣고 셰이킹해서 폼 상태로 만든 칵테일을 가리킨다. 그 경우 재료의 비율 등은 따지지 않는다. 일본에서는 베이스 스피릿 + 감귤 + 슈거 시럽을 달걀흰자 없이 셰이킹하는 레시피가 일반적이다. 위스키 사워, 진 사워, 포트 사워Port Sour 등으로, 지금도 애호가가 많은 칵테일이다. '블랙페퍼 사워'(→ p.124)는 위스키 사워를 업그레이드한 칵테일이다.

사워 칵테일의 포인트(달걀흰자의 유무에 상관없이)는 산미와 단맛의 밸런스, 폼의 상태다. 산미와 단맛의 밸런스는 레몬주스 20㎖ : 슈거 시럽 10㎖ = 2 : 1을 기준으로 한다. 더욱 마시기 쉽게 하려면 레몬주스 20㎖ : 슈거 시럽 15㎖ = 2 : 1.5로 하면 된다. 이 비율은 베이스에 따라서 달라진다. '바나나 피스코 사워'(→ p.125)는 단맛이 더 나면 좋을 것 같아서 시럽을 15㎖로 하고 있다. '시나 리 백 사워'(→ p.124)는 시나의 쓴맛과 커피의 밸런스를 맞추기 위해 10㎖가 딱 좋았다.

베리에이션을 고려할 때 순서는 다음과 같다.

① 기본 레시피의 베이스를 바꿔본다
　→ 플레이버? 리큐어? 블렌딩?
② 슈거 시럽을 ①과 궁합이 맞는 것으로 바꿔본다
　→ 바닐라? 플로럴? 향신료?

기본적으로 이 2가지로부터 시작한다. 사워 계열은 엉뚱한 조합보다 '쉬운 방법 +α의 악센트'가 대개 적당하다.

셰이킹 전에 핸드블렌더로 잘 휘저어야 폼을 깨끗하게 만들 수 있다. 아니면 셰이킹하기 전에 드라이 셰이킹, 교반기를 사용해서 거품을 생성시킨다. 요점은 거품이 생성된다면 무엇이든 좋다. 셰이킹한 후에 다른 셰이커에 넣은 뒤 얼음을 빼고 셰이킹해서 거품을 생성할 수도 있다. 이 방법으로 깔끔한 폼을 만들 수는 있지만, 빠르게 하지 않으면 칵테일 온도가 내려간다.

시나 리 백 사워

# 시나 리 백 사워

## Cynar Re:back Sour

40ml 시나Cynar[아티초크 리큐어]
5ml 메스칼 / 피에르데 알마스 '라 푸리티타 베르다'Pierde Almas "La Puritita Verda"
20ml 레몬주스
10ml 콜드브루 커피 코디얼(→ p.269)
20ml 달걀흰자

얼음 –
글라스 칵테일글라스
테크닉 셰이킹

① 셰이커에 모든 재료를 넣는다. ② 핸드블렌더로 휘저어서 거품이 충분히 생성되도록 한다. ③ 얼음을 넣어 셰이킹한다. ④ 파인 스트레이너로 얼음을 걸러내면서 글라스에 따른다.

# 블랙페퍼 사워

## Black Pepper Sour

37.5ml 태즈메이니아 블랙페퍼 버번 (→ p.261)
20ml 레몬주스
10ml 슈거 시럽
블랙페퍼

얼음 –
글라스 리큐어 글라스 또는 스트레이트 글라스
테크닉 셰이킹

① 셰이커에 모든 재료를 넣는다. ② 얼음을 넣어 셰이킹한다. ③ 파인 스트레이너로 얼음을 걸러내면서 글라스에 따른다. ④ 블랙페퍼를 갈아서 뿌린다.

# 바나나 피스코 사워

## Banana Pisco Sour

| | |
|---|---|
| 40ml | 바나나 피스코(→ p.262) |
| ⅓개 | 바나나 |
| 20ml | 레몬주스 |
| 15ml | 바닐라 시럽 |
| 1개 | 달걀흰자 |

| | |
|---|---|
| 얼음 | – |
| 글라스 | 아이리시 커피 글라스 |
| 가니시 | 건조 바나나 칩 |
| 테크닉 | 셰이킹 |

① 셰이커에 모든 재료를 넣는다. ② 핸드블렌더로 휘저어서 거품이 충분히 생성되도록 한다. ③ 얼음을 넣어 셰이킹한다. ④ 파인 스트레이너로 얼음을 걸러내면서 글라스에 따른다. ⑤ 바나나 칩을 장식한다.

# 클라우디 유자 사워

## Cloudy Yuzu Sour

| | |
|---|---|
| 45ml | 그릴드 유자 진(→ p.262) |
| 20ml | 레몬주스 |
| 15ml | 슈거 시럽 |
| 5ml | 패션프루트 퓌레 |
| 1개 | 달걀흰자 |
| 4-5drops | 앙고스투라 비터스 Angostura bitters |
| | 구운 유자 껍질(→ p.61) |

| | |
|---|---|
| 얼음 | – |
| 글라스 | 사워 글라스 |
| 테크닉 | 셰이킹 |

① 셰이커에 모든 재료를 넣는다. ② 핸드 블렌더로 휘저어서 거품이 충분히 생성되도록 한다. ③ 얼음을 넣어 셰이킹한다. ④ 파인 스트레이너로 얼음은 걸러내면서 글라스에 따른다. ⑤ 표면에 앙고스투라 비터스를 몇 방울 떨어뜨린 뒤 구운 유자 껍질을 깎아서 뿌린다.

## 2 모던 심플 & 콤플렉스
Modern simple & complex

단순성Simple과 복합성Complex은 둘 다 중요하다. 단순하다는 것은 레시피가 단순하다는 것이 아니라 풍미가 깔끔해 잘 전달된다는 의미다. 알기 쉬운 맛은 혀가 피곤해지지 않고, 몇 잔을 마시더라도 맛있게 마실 수 있다. 그리고 대중에게 인기가 있다. 반대로 복합성이 있는 것은 복층적, 즉 단계적인 풍미로 전문가에게 평판이 좋으며 평범한 메뉴를 원하지 않는 사람들의 요구를 충족시킬 수 있다.

# 페어 트레이더스 피즈

## Fair Traders Fizz

30ml 버번 / 올드 포레스터Old Forester Bourbon
20ml 카카오닙스 캄파리(→ p.260)
10ml 릴레 루즈Lillet rouge[베르무트]
15ml 레몬주스
8ml 바닐라 시럽(→ p.266)
40ml 탄산수

얼음 부순 얼음
글라스 텀블러
테크닉 셰이킹

① 셰이커에 탄산수를 제외한 재료를 넣은 뒤 얼음과 함께 셰이킹한다. ② 파인 스트레이너로 얼음을 걸러내면서 얼음을 넣은 글라스에 따른다. ③ 탄산수를 부어 넣고 가볍게 스터링한다.

'산뜻하고 달지 않은 롱 칵테일을 원한다'라는 주문을 하루에도 몇 번씩 받곤 한다. 이 칵테일은 첫 잔으로도 좋고 마무리하는 마지막 한 잔으로도 적합해서 지친 몸과 혀를 달래준다. 캄파리 소다를 기점으로, 다음과 같은 순서와 사고방식을 머릿속에 구상하면서 구성했다.

- 캄파리 소다에 무언가를 추가한다 → 카카오닙스를 인퓨징한다
- 캄파리 소다로는 보디감이 부족하다 → 버번을 추가한다
- 가능하다면 복합성과 화려함을 둘 다 더하고 싶다 → 릴레 루즈
- 알코올감을 약간 억제하고 싶다 → 감귤과 단맛을 추가한다

여기서 사용한 베트남산 카카오닙스에는 베리와 비슷한 산미와 플레이버가 있다. 그 밖에 우디Woody, 허벌Herbal 타입의 카카오닙스도 있다. 카카오닙스는 담가두면 산미가 나오기 때문에 그 산미와 밸런스를 잡을 수 있도록 정반대의 요소(단맛이나 쓴맛)가 있는 것을 베이스 스피릿으로 하면 좋다. 포트와인과도 잘 어울린다.

이 칵테일의 베리에이션화는 그다지 높지 않지만, 베이스의 버번 브랜드를 바꿔도 대체로 어울린다. 캄파리와 릴레 루즈는 되도록 바꾸지 않는 편이 좋은데, 카카오닙스 대신 호지차, 생강, 통카빈, 시나몬, 블랙페퍼를 캄파리에 담가두었다가 써도 된다. 그 경우 버번, 바닐라 시럽은 각각과 궁합이 잘 맞는 것으로 고른다.

# 락틱 샴페인

## Lactic Champagne

10ml 제비꽃 리큐어 / 마리엔호프Marienhof Veilchen Likör
40ml 밀크 워시 리퀴드(→ p.271)
70ml 샴페인

얼음 –
글라스 샴페인 글라스
장식 공작 깃털
테크닉 스터링

① 얼음이 들어 있는 믹싱 글라스에 샴페인을 제외한 재료를 넣어 스터링한 뒤 플루트 글라스에 따른다. ② 샴페인을 부어 넣는다.

샴페인 칵테일은 손님들로 붐비는 금요일이나 축하하는 자리 등에 매우 요긴하다. 이 칵테일은 스태프인 시니어 바텐더 가소리 싱고加會利信吾가 고안한 것으로, 이름 그대로 요거트스러운 젖산 발효의 플레이버가 난다. 샴페인의 기포가 제비꽃과 밀크 워시 리퀴드의 향기를 글라스의 윗부분으로 끌어올린다. 샴페인 칵테일의 포인트는 기포를 따라 올라가는 향기를 어떤 재료로 표현하느냐다. 향기의 요소를 라벤더 리큐어에서 장미, 재스민, 카시스, 엘더플라워 리큐어로 변경하는 것만으로도 다양하게 베리에이션할 수 있다. 훈제 연어를 사용한 애피타이저, 프레시 치즈, 발사믹 샐러드, 생햄 멜론 등과 궁합이 잘 맞는다. 스모키한 요리와도 의외로 어울린다.

# 셀피시

## Selfish

| | |
|---|---|
| 30ml | 라이 위스키 / 템플턴Templeton Rye |
| 20ml | 차이나 클레멘티China Clementi[차이나 리큐어] |
| 10ml | 페르노Pernod[아니스 리큐어] |
| 5ml | 모과 리큐어 / 퍼디낸드 자르 퀸스Ferdinand's Saar Quince |
| 20ml | 레몬주스 |
| 1dash | 페이쇼즈 비터스Peychaud's Bitters |
| 10ml | 슈거 시럽 |
| | 타임 가지, 육두구 |

얼음 –
글라스 쿠프 칵테일글라스
테크닉 셰이킹

① 재료를 넣고 얼음과 함께 셰이킹한다. ② 파인 스트레이너로 얼음을 걸러내면서 글라스에 따른다. ③ 육두구를 갈아서 뿌리고 글라스 위에 타임 가지를 얹는다.

'위스키 베이스에 강하고 담백하며 달지 않은 허브 계열도 좋아하지만, 마시기 쉬운 것'을 원하는 손님을 위해 만들었던 칵테일이다. 알코올감은 적당하지만, 술맛은 가볍고 산뜻해서 외국인들에게 특히 인기가 좋다. 구성은 '달걀흰자가 없는 위스키 사워'에서 시작한다. 일단 그 파생으로서 다음의 베이스 형식을 작성했다.

- 30mℓ 베이스 스피릿
- 20mℓ 셰리, 베르무트
- 10~20mℓ 감귤(밸런스에 맞춰서)
- 10~15mℓ 시럽(밸런스에 맞춰서)

'셰리, 베르무트'가 이 칵테일의 플레이버가 된다. 이 부분을 복층적으로 표현하고 싶다면 여러 술을 조합해서 하나의 플레이버로 구성한다. 이 칵테일에서는 차이나(쓴맛), 페르노(아니스 향), 모과 리큐어(과일 향)가 된다. 각각의 비율은 어떤 술의 맛을 강하게 하고 싶은지 또는 주정酒精이 높은 것을 고려해서 정한다. 기본적으로 메인 플레이버 2 : 서브 플레이버 1 : 악센트 0.5로 구성한다. 리큐어의 배합이 많으므로 시럽은 산미에 비해 반으로 줄인다. 알코올 총량이 65mℓ이고 도수도 높으니 레몬주스 20mℓ의 산미로 충분히 감싸주는 이미지다. 마지막의 페이쇼즈 비터스는 전체에 엷게 향기를 내는데, 플레이버라기보다 각 재료를 이어주는 이미지다.

# 화이트 콤플렉스 네그로니

## White Complex Negroni

20ml 진 / 지바인 '플로레종'G'vine "Floraison"
10ml 진 / 헨드릭스Hendrick's Gin
5ml 샤르트뢰즈 존 VEPChartreuse Jaune[리큐어]
5ml 수즈Suze[겐티아나[4] 리큐어]
10ml 그랑 클라시코 비터Gran Classico Bitter[비터 아페리티프]
10ml 만치노 비앙코Mancino Bianco[베르무트]
10ml 카페리티프A.A.Badenhorst Caperitif[베르무트]
레몬 필

얼음 록 아이스
글라스 록 글라스
테크닉 스터링

① 모든 재료를 프리믹스한 뒤 얼음을 넣은 믹싱 글라스에서 스터링한다. ② 완성된 네그로니를 얼음을 넣은 글라스에 따른 뒤 레몬 필을 비틀어 향을 더한다.

앞서 말했듯 네그로니의 베리에이션은 전문 서적으로 따로 나와 있을 정도로 다양하다. 그만큼 오랜 팬들이 많다. 네그로니를 좋아하는 사람이 싫어하는 것은 '쓰지 않고 싱겁고 약한' 네그로니다. 그래서 맛의 골격을 확실히 유지하고 각 재료의 맛을 밸런스 있게 조화시키는 것이 중요하다.

화이트 네그로니의 베이스 레시피는 '진 20㎖ + 수즈 20㎖ + 릴레 블랑 또는 드라이 베르무트 20㎖'다. 덧붙여서 스탠다드 네그로니도 화이트 네그로니도 3가지 재료, '진 + 캄파리 + 베르무트'로 구성된다. 화이트 네그로니의 각 재료를 여러 개의 술로 블렌딩한 것이 이 칵테일이다. 진은 장미와 오이의 에센스가 들어간 헨드릭스와, 플라워 계열의 아로마가 강한 지바인을 블렌딩해서 향을 증강해둔다. 비터 리큐드에는 보통 수즈를 사용하나 여기서는 똑같이 용담 뿌리의 쓴맛을 가진 겐티아나 리큐어에 오렌지 계열의 비터 리큐어인 그랑 클라시코를 합치고, 거기에 숙성한 샤르트뢰즈 존으로 깊이 있는 허브 플레이버를 더했다. 드라이 베르무트에는 프루티하고 밸런스가 좋은 만치노를 사용하고, 카페리티프를 만치노와 같은 양만큼 넣어 맛이 어우러지게 했다. 각각이 증강·보완하는 조합으로 만듦으로써 한 종만 가지고 낼 수 없는 맛을 빚어낸다. 물론 이 같은 사고방식을 통해 여러 버전의 칵테일을 계속 만들 수 있다.

---

4 용담과의 여러해살이풀. 높이는 1m 정도이며, 잎은 타원형이다.

# 뉴 월드 오더

## New World Order

30ml 메스칼 / 피에르데 알마스 '라 푸리티타 베르다'Pierde Armas "La Puritita Verda"
20ml 캄파리Campari
10ml 키나 라에로 도르Kina L'Aéro d'Or[키나[5] 리큐어]
20ml 레몬주스
15ml 오르자 시럽Orgeat Syrup
20ml 달걀흰자
3ml 참기름
½tsp. 죽염 분말
30ml 탄산수
카시스 분말, 금가루

얼음 –
글라스 쿠프 칵테일글라스
테크닉 셰이킹

① 셰이커에 탄산수를 제외한 재료를 넣고 핸드블렌더로 휘젓는다. ② 얼음을 넣어 셰이킹한 뒤 파인 스트레이너로 얼음을 걸러내면서 글라스에 따른다. ③ 탄산수를 넣고 가볍게 섞는다. ④ 표면에 카시스 분말과 금가루를 뿌린다.

복합성을 테마로 한 칵테일의 하나로, 마시면 다양한 재료의 맛이 차례대로 입속에 퍼진다. 원래는 참기름 칵테일을 만들려던 것에서 시작되었다. 참기름의 고소함은 캄파리의 쓴맛, 메스칼의 스모키함과 궁합이 잘 맞을 것 같다는 생각에, 메스칼과 캄파리로 '맛의 핵심'을 만들고 참기름을 넣어 단맛과 산미를 조절해서 맛의 윤곽을 다듬었다. 약용주藥用酒인 키나 라에로로 복합성을 한층 더 가미했고, 전체적인 궁합을 고려해 단맛으로는 오르자 시럽을 골랐다. 그리고 죽염을 넣어 블랙 컬러로 연출하여, 언뜻 무슨 맛인지 알 수 없도록 신비감을 더했다. 세계 각지의 다양한 재료를 사용해, 혼돈 속에서 새로운 맛이 질서 있게 출현한다는 의미를 담아 '뉴 월드 오더(새로운 질서)'라고 이름 지었다.
참기름은 캄파리, 파인애플, 사과, 카카오, 화이트 초콜릿, 오이, 칠리, 크림치즈, 아스파라거스, 토마토, 코코넛 등과 궁합이 잘 맞는다. 볶는 정도에 따라 색과 맛에 농담이 생기니 조절해서 사용한다. 넣는 양은 1방울~최대 3㎖까지. 기름이니 셰이킹하거나 블렌더로 유화시킨 뒤 분리되지 않도록 한 다음 손님에게 서빙한다.

5 기나나무의 껍질을 건조시킨 것.

BOOK

# 아로마 스모크 가르가넬라

## Aroma Smoke Garganella

20ml 통카빈 럼(→ p.260)
20ml 우드랜드 비터 리퀴드[홈 메이드 에이지드 칵테일](→ p.264)
20ml G4[홈 메이드 에이지드 칵테일](→ p.264)
20ml 카르파노 안티카 포뮬라Carpano Antica formula[베르무트]
훈연 칩, 오렌지 필

얼음 –
글라스 브랜디 글라스 또는 록 글라스(록 아이스)
테크닉 스터링

① 모든 재료를 프리믹스한 뒤 얼음이 들어 있는 믹싱 글라스에 넣고 스터링해서 디캔터로 옮긴다. ② 스모킹 건에 오크 훈연 칩을 넣어 불을 붙인 뒤 연기를 디캔터에 옮긴다. ③ 가볍게 흔들어 연기와 액체를 어우러지게 하고 글라스에 따른다. ④ 오렌지 필을 라이터(또는 가스 토치)로 그슬리면서 비틀어 유분을 날리고 향을 더한다.

올드 패션드, 네그로니, 사제락 같은 계열의 강하고 리치하면서 비터한 칵테일은 늘 인기가 있다. 이 칵테일은 맛의 골격을 홈 메이드 숙성 비터 리퀴드로 만들었다는 점이 최대 포인트다. 즉석에서 블렌딩으로는 절대 만들 수 없는 메뉴를 만들기 위해 고안했다.
우드랜드 비터 리퀴드와 G4 둘 다 단일로 마실 수 있는 에이지드Aged(숙성) 칵테일로 만든 것으로, 그것만 마셔도 충분히 맛이 있다. 둘을 합쳐서 하나의 비터 리퀴드처럼 다뤄보았다. 비터함에 대비되는 탄탄함이 있는 단맛을 원했기 때문에 베이스는 다크 럼으로, 통카빈을 인퓨징해서 향기에 고소함과 개성을 보강했다. 카르파노는 전체를 어우러지게 하는 역할이다. 연기에는 '훈연 향을 입히는' 효과뿐 아니라 '산酸을 더하는' 효과가 있다. 연기가 미묘하게 산을 함유하기 때문인데 너무 많이 넣으면 쉿내가 나니 주의한다. 연기는 단맛의 흡착력이 굉장히 좋다. 마지막에 나오는 스모크 향과 산미가 전체의 악센트가 되어 칵테일의 단맛과 쓴맛을 더욱 조화롭게 만든다.

# 3 시즈널
## Seasonal

계절에 따라 다채로운 과일과 채소를 맛볼 수 있기에 대부분의 손님들도 제철 과일로 만든 칵테일을 선호한다. 청과는 질·시기·관리가 중요하다. 항상 질 좋은 청과를 최상의 상태에서 쓰고자 한다. 그리고 각각의 특징을 다각적으로 파악하고 궁합을 고려해서 칵테일로 만든다. 심플한 칵테일도 맛있지만 약간의 연구를 한 것, 의외성이 있는 조합이 담긴 것이야말로 계절감을 초월한 놀라운 시즌 칵테일을 탄생시킨다.

# 청사과 & 홀스래디시

## Green Apple & Horseradish

30ml 홀스래디시 보드카(→ p.250)
15ml 서양배 플레이버 보드카 / 그레이 구스 라 포아Grey Goose La Poire
½개 청사과
15ml 레몬주스
10ml 레몬 버베나 & 딜 코디얼(→ p.268)
5ml 그레이프 비니거 시럽Coco Farm & Winery "Verjus"

얼음 부순 얼음
글라스 텀블러 등
테크닉 셰이킹

① 셰이커에 슬로 주서로 착즙한 청사과의 과즙을 다른 재료와 함께 넣는다. ② 얼음을 넣어 셰이킹한다. ③ 파인 스트레이너로 걸러내면서 글라스에 따른다. ④ 딜과 핑크 페퍼를 장식한다.

홀스래디시와 청사과는 궁합이 잘 맞는다. 여기에 맛이 잘 이어지도록 크림과 코코넛 등을 넣어보았으나 어울리지 않아서 기본 베이스는 심플하게 마무리했다. 서양배 보드카를 더한 이유는 홀스래디시, 청사과와 궁합이 좋아서 맛이 잘 이어지기 때문이다. 하지만 여기까지의 맛은 일면에 불과하다. 입체적으로 맛을 내려면 여운의 밸런스가 필요하다. 홀스래디시와 상큼한 사과의 풍미 사이로 들어갈 수 있도록 레몬 버베나와 딜로 만든 코디얼을 더하고, 단맛과 산미의 악센트로는 그레이프 비니거 시럽을 골랐다.

# 와사비 & 피치

## Wasabi & Peach

35ml 와사비 보드카(→ p.250)
½개 백도
적당량 레몬주스
적당량 슈거 시럽
카시스 분말

얼음 –
글라스 칵테일글라스
가니시 백도 1조각
테크닉 셰이킹

① 틴에 껍질을 벗겨서 적당히 자른 복숭아를 넣고 머들러로 으깬다. ② 다른 재료들과 얼음을 넣어 셰이킹한 뒤 파인 스트레이너로 얼음을 걸러내면서 칵테일글라스에 따른다. ③ 백도 1조각을 곁들인다.

냉장고에 복숭아를 두면 단맛이 잘 나지 않으니 반드시 상온에 보관한다. 부드러운 과육은 머들러로 으깨고, 약간 딱딱한 과육은 핸드블렌더로 갈면서 다른 재료를 넣는다. 레몬과 슈거 시럽은 어디까지나 옅은 윤곽을 내기 위한 것이니 화석에 붙은 모래를 솔로 조심스레 털어내듯이 조금씩 가볍게 넣는다. 복숭아의 과즙과 단맛이 부족하면 와사비 보드카의 양을 10㎖로 줄이고 플레인 보드카를 25㎖로 하면 복숭아의 맛이 전면으로 살짝 나오게 된다. 모든 것은 와사비(매운맛) × 복숭아(단맛)의 밸런스로 결정된다. 마셨을 때 와사비의 맛이 먼저 느껴지고 그 후에 복숭아의 맛이 퍼졌다가 다시 와사비 맛이 돌아오는 순서가 밸런스가 가장 좋다.

# 블루치즈 & 자몽

## Blue cheese & Grapefruit

30ml 로크포르 보드카(→ p.254)
60ml 자몽주스
10ml 레몬주스
10ml 아가베 허니
30ml 탄산수
소금

얼음 부순 얼음
글라스 텀블러
가니시 레몬 슬라이스
테크닉 셰이킹

① 셰이커에 재료, 얼음 순으로 넣고 셰이킹 한다. ② 파인 스트레이너로 얼음을 걸러내면서 림(테두리)에 소금을 묻힌 글라스에 따른다. ③ 탄산수를 넣고 가볍게 섞는다. ④ 레몬을 곁들인다.

로크포르 치즈를 사용한 솔티 도그의 베리에이션 칵테일. 블루치즈의 사용법을 찾다가 감귤과의 궁합을 발견하고 고안한 칵테일이다. 이 칵테일에서 블루치즈는 짠맛의 역할을 한다. 물론 짠맛이 너무 강하면 밸런스가 무너진다. 전체의 핵심은 아가베 허니의 단맛이다. 치즈 계열 칵테일에서 맛의 윤곽은 단맛이 두드러지지만, 약간의 산미가 없다면 달콤한 것에만 그치고 만다. 이 칵테일은 자몽의 산뜻한 느낌은 유지하면서 치즈의 맛이 여운으로 남는 밸런스로 만들고자 했다. 단맛을 넣으면 치즈가 두드러지고 감귤을 넣으면 자몽이 두드러진다. 자몽의 맛을 보면서 2가지 밸런스를 조절한다. 호두, 무화과, 서양배 등을 더 넣거나 따로 곁들이면 좋다. 음식은 리코타 치즈를 사용한 애피타이저, 복숭아를 얹은 생햄 등과 매우 잘 어울린다.

# 키위 & 유자 & 딜

## Kiwi & Yuzu & Dill

| | |
|---|---|
| 30ml | 진 / 헨드릭스Hendrick's Gin |
| ½개 | 키위 또는 골드키위 |
| 30ml | 시드립 가든 Seedlip Garden 108[허브 워터] |
| 5ml | 유자주스 |
| 5ml | 슈거 시럽 |
| 1개 | 딜 |
| 30ml | 토닉워터Fever Tree |
| | 산초 분말, 딜 |

얼음 –
글라스 와인글라스
테크닉 셰이킹

① 틴에 산초 분말을 제외한 재료를 넣고 핸드블렌더로 분쇄한다. ② 얼음과 함께 셰이킹한 뒤 파인 스트레이너로 얼음을 걸러내면서 글라스에 따르고 토닉워터를 붓는다. ③ 표면에 산초 분말을 뿌리고 중앙에 딜을 얹는다.

'시드립 가든 108을 사용한 칵테일'로서 고안한 것이다. 시드립 가든 108은 완두콩·타임·로즈마리·홉·건초를 사용한 허브 워터다. 이것만으로도 맛은 충분히 복합적이나 깊이는 부족했다. 그래서 액체의 무게감과 전체적인 핵심으로는 키위를, 알코올의 핵심으로는 진을, 악센트로는 유자와 딜을 넣었다. 표면에 뿌린 산초는 글라스에 입을 댄 맨 처음에는 향기, 그리고 다 마셨을 때의 맛의 변화를 가져다준다. 맛의 강약은 토닉워터의 양으로 조절할 수 있다. 진을 빼고 시드립을 45㎖로 하면 목테일(무알코올 칵테일), 진을 드라이 베르무트로 바꾸면 저알코올 칵테일, 진의 양을 늘리고 토닉워터를 스푸만테로 바꾸면 스트롱 버전으로 만들 수 있다. 가끔씩 이렇게 어떤 변화에도 대응할 수 있는 레시피가 탄생하는데, 매우 요긴하다.

# 립 드레서

## Rip Dresser

30ml 피스타치오 보드카(→ p.260)
15ml 보드카 / 그레이 구스Grey Goose
20ml 라즈베리 퓌레
2tsp. 냉동 베리 믹스(블랙베리 · 라즈베리 · 블루베리 · 레드 커런트)
15ml 바닐라 시럽
20ml 코코넛 워터
20ml 생크림
코코넛, 초콜릿 가나슈(→ p.272)

얼음 –
글라스 쿠프 칵테일글라스
테크닉 블렌더

① 롱 틴에 가나슈와 코코넛을 제외한 재료를 넣는다. ② 크러시드 아이스 약 20g을 넣고 핸드블렌더로 휘저어 섞는다. ③ 글라스에 따르고 표면에 코코넛과 초콜릿 가나슈를 깎아서 뿌린다.

피스타치오와 베리 조합을 테마로 한 칵테일. 베이스 스피릿은 피스타치오를 인퓨징한 보드카로, 이것만이라면 향기가 강해서 플레인 보드카를 2 : 1로 맞추고 있다. 베리는 냉동이 바람직하다. 냉동이면 텍스처를 정하기도 쉽고 크러시드 아이스의 양이 적어도 된다. 피스타치오는 오일리하고 맛이 강해서 '피스타치오 1 : 플레이버 2'로 조합하는 것을 추천한다.
표면에 깎아서 뿌리는 초콜릿은 홈 메이드 가나슈를 쓰고 있다. 커버추어Couverture를 깎아서 사용하면 입속에서 녹을 때의 느낌이 썩 좋지는 않지만, 생크림 가나슈는 녹는점이 낮아 칵테일과 함께 입에 들어갔을 때 동시에 녹으면서 일체가 된다. 칵테일의 퍼플, 코코넛의 화이트, 초콜릿의 블랙이 입술로 옮겨가며 색이 변해가니 '립 드레서'라고 이름 지었다.
피스타치오를 제대로 느낄 수 있는 칵테일은 의외로 많지 않다. 그러나 디저트 중에 베리나 피스타치오가 들어간 케이크는 자주 볼 수 있다. 이를 액화시킨 칵테일로서도 베리와 피스타치오는 궁합이 맞고, '마시는 디저트' 같은 구성이라서 여성이나 칵테일 초보자에게 권할 만하다.

# 다시 & 패션프루트

## Dashi & Passion

40ml 우마미 보드카(→ p.256)
20ml 패션프루트 퓌레
15ml 레몬주스
10ml 슈거 시럽
30ml 달걀흰자
30ml 탄산수
소금(플뢰르 드 셀)

얼음 –
글라스 화이트와인 글라스
테크닉 셰이킹

① 셰이커에 탄산수와 소금을 제외한 재료를 넣고 핸드블렌더로 휘저어 거품이 생성되도록 한다. ② 얼음을 넣어 셰이킹한다. ③ 파인 스트레이너로 얼음을 걸러내면서 와인글라스에 따른다. ④ 탄산수 30ml를 넣고 칵테일 표면의 중앙에 소금을 한 꼬집 얹는다.

'다시出汁와 과일'을 테마로 한 칵테일 중 하나. 두세 모금 마신 뒤 글라스를 회전시키면 소금이 녹아서 맛이 단단해지고 전체의 풍미도 변해간다. '변화'는 이 칵테일의 키포인트인데 그것을 좌우하는 것이 밸런스다. 베이스가 되는 우마미 보드카는 말린 가쓰오부시, 마구로부시(다랑어포), 다시마의 혼합 분말을 보드카에 인퓨징한 것이다. 질 좋고 깔끔한 맛이지만, 패션프루트의 산미가 너무 강하면 그 맛이 느껴지지 않는다. 그래서 우마미 보드카의 양을 '정점'으로 한 뒤 패션프루트를 10mℓ(신선하면 ⅓개분) 넣어보고 맛의 밸런스를 확인한다. 다시 맛이 강하다면 패션프루트를 조금씩 추가해 '다시 맛을 느끼고 난 2초 후에 패션프루트가 나오면' 된다. 소금이 녹았을 때 모든 것이 조화를 이룬다.

# 사과 & 송이버섯

## Apple & Matsutake

40ml 송이버섯 보드카(→ p.257)
⅓개 딸기
10ml 레몬주스
8ml 다시 시럽(→ p.266)
태운 간장 분말(→ p.273)

얼음 부순 얼음
글라스 고블렛 글라스 또는 쿠프 칵테일글라스(얼음 없이)
테크닉 셰이킹

① 셰이커에 사과를 간 뒤 과즙만 걸러내서 넣는다. ② 다른 재료를 넣고 맛을 조절한다. ③ 얼음을 넣어 셰이킹한 뒤 파인 스트레이너로 걸러내면서, 림에 태운 간장 분말을 묻힌 글라스에 따른다.

'다시와 과일'에서 파생된 칵테일. 다시에는 버섯·해산물·채소 등 여러 종류가 있는데, 각각의 '감칠맛'을 테마로 칵테일을 테스트해왔다. 일단 최종 이미지를 머릿속에 그리고, 거기서부터 거슬러 올라가 맛을 구축하는 만드는 방법을 쓰고 있다. 가쓰오부시와 궁합이 맞는 것은 무엇일지 생각해보고 머릿속에서 조합해 맛의 이미지가 떠오르면 실제로 만들어보는 식이다.
'송이버섯 + 무언가Something'의 칵테일은 우선 굽거나 익혀서 맛있어지는 모습을 상상했다. 송이버섯은 대개 굽거나 익힌다. 그렇다면 조리해도 맛있어지는 과일류와 궁합이 잘 맞지 않을까. 사과·파인애플·오렌지가 해당하지만, 어느 것이든 우마미 보드카(→ p.256)와 궁합이 잘 맞았다. 사과는 특히 더 잘 맞았고, 송이버섯 보드카도 아주 좋았다. 단, 맛이 너무 단순해서 악센트로 송이버섯과 궁합이 맞는 태운 간장을 분말 상태로 만들어 림에 묻혔다. 여기서 짠맛은 필요하다고 생각한다. 가벼운 거품을 만들어서 얹는 것도 괜찮다. 에스푸마를 사용해서 만들면 거품이 무거우니 레시틴으로 만드는 가벼운 거품을 추천한다.

# 금귤 × 현미차

## Kumquat × Genmai Tea

| | |
|---|---|
| 40ml | 현미차 보드카(→ p.258) |
| 2½~3개 | 알이 굵은 금귤(미야자키산) |
| 15ml | 레몬주스 |
| 5~8ml | 슈거 시럽 |
| | 현미차 잎 |

| | |
|---|---|
| 얼음 | – |
| 글라스 | 말차 그릇 |
| 테크닉 | 셰이킹 |

① 틴에 재료를 넣고 핸드블렌더로 휘저은 뒤 얼음을 추가해 셰이킹한다. ② 파인 스트레이너로 얼음을 걸러내면서 말차 그릇에 따른 뒤 중앙에 현미차 잎을 장식한다.

껍질 부분에 유분을 다량 함유하고 있는 금귤은 껍질이 가장 맛있다. 머들러로 으깨서는 액체로 추출할 수 없으니 블렌더로 분쇄해야 한다. 궁합은 크림치즈·바닐라·코코넛·생강·꿀·오렌지 등이 잘 맞고 화이트 초콜릿과도 잘 어울린다. 이번에는 현미차로 맞췄다. 현미차는 '티'라기보다는 볶은 현미의 맛이 주체가 되므로 각종 과일과 궁합이 맞는다. 센차, 교쿠로, 호지차 등 일본차 중에서도 현미차가 활용하기 가장 좋다. 이 레시피에 크림치즈를 추가해서 단맛을 더하면 '금귤과 현미 치즈 케이크' 같은 칵테일을 만들 수 있다. 금귤 대신 사과·복숭아·파인애플·샤인머스캣·무화과·감으로 바꿔도 맛있다.

# 파인애플 & 메밀차

## Pineapple & Soba-cha (Buckwheat tea)

| | |
|---|---|
| 40ml | 메밀차 보드카(→ p.258) |
| 1/8개 | 파인애플 (또는 파인애플 주스) 45ml |
| 10ml | 레몬주스 |
| 5ml | 슈거 시럽 |
| | 미소된장 분말(→ p.273) |

| | |
|---|---|
| 얼음 | – |
| 글라스 | 와인글라스 |
| 테크닉 | 셰이킹 |

① 틴에 미소된장 분말을 제외한 재료를 넣고 핸드블렌더로 휘저은 뒤 얼음을 추가해 셰이킹한다. ② 파인 스트레이너로 얼음을 걸러내면서 글라스에 따른다. ③ 이때 과육에 스며든 분량까지 머들러로 으깨면서 즙을 짜낸다. ④ 칵테일의 표면에 미소된장 분말을 뿌린다.

메밀차로 플레이버를 더한 메밀차 보드카를 베이스로 고안한 칵테일이다. 메밀차 보드카에는 볶은 견과류에서 나는 향처럼 독특한 고소함이 있다. 피스타치오나 아몬드와 궁합이 잘 맞는 재료라면 메밀차 보드카와도 궁합이 좋다. 초콜릿·베리·코코넛 등이 그 예로, 메밀차 보드카와 조합해 칵테일로 만들 수 있다.

그렇다면 메밀차의 고소함과 잘 맞는 과일은 무엇일까. 우선 구워서 맛있는 것은 무엇일지 생각해야 한다. 파인애플·사과·복숭아 등. 특히 궁합이 잘 맞을 것 같은 파인애플을 골라서 심플하게 칵테일로 만들고 미소된장을 악센트로 완성했다. 미소된장은 메밀로도 만들어질 정도이니, 메밀차와도 파인애플과도 잘 어울린다. 미소된장을 칵테일 자체에 섞어서 만들었을 때는 맛의 밸런스가 의외로 잘 맞지 않았다.

미소된장 분말은 입속에 들어가면 수분에 녹아 시간 차를 두고 짠맛과 감칠맛이 퍼지기 때문에 맛의 목적과 강약을 조절할 수 있어서 요긴하다. 이 칵테일은 미소된장 분말을 넉넉하게 뿌려도 맛있을 거라 생각한다.

# 플러시

## Peluche

5ml 블랙페퍼 버번(→ p.261)
⅓개 사과
10ml 레몬주스
10ml 바닐라 시럽(→ p.266)
1스쿱 홈 메이드 푸아그라 아이스크림(→ p.273)
블랙페퍼

얼음 부순 얼음
글라스 아이리시 커피 글라스
가니시 사과 칩 1장
테크닉 셰이킹

① 슬로 주서로 사과를 착즙하고 과즙으로 만든다. ② 푸아그라 아이스크림을 제외한 재료를 셰이커에 넣고 얼음과 함께 잘 셰이킹한다. ③ 파인 스트레이너로 걸러내면서 글라스에 따른다. ④ 글라스 위에 사과 칩, 푸아그라 아이스크림 순으로 얹은 뒤 블랙페퍼를 갈아서 뿌린다.

푸아그라 보드카를 에바포레이터로 만들면 잔류액에도 푸아그라의 성분이 남아 있기 마련이다. 스태프인 시니어 바텐더 사토 유키노佐藤由紀乃가 이 특징을 활용해서 아이스크림을 만들었는데, 그 푸아그라 아이스크림을 살리기 위해 이 칵테일이 탄생했다. 푸아그라와 궁합이 잘 맞는 사과를 칵테일 맛의 베이스로 정했다. 그러나 달콤하면 플레이버가 희미해지니 블랙페퍼의 얼얼한 매운맛으로 전체적인 조합을 어우러지게 한다. 한 모금 마신 후에 푸아그라 아이스크림을 먹으면 칵테일이 소스처럼 느껴지면서 좋은 악센트가 된다. 사과 × 페퍼, 사과 × 푸아그라, 푸아그라 × 페퍼, 페퍼 × 버번, 버번 ≒ 바닐라 등 각각 궁합이 맞는 재료끼리 완성한다.

# 4 푸드 인스파이어드
## Food Inspired

'어떤 요리'를 칵테일화한 것을 뜻한다. 요리·디저트는 아이디어의 보고이며 '조합이 좋다'는 예시들이 눈앞에 모여 있다. 나는 요리의 구성 요소를 해독하고 칵테일로서 '재구축'하는 방법을 택한다. 똠얌수프나 베이컨 에그를 마시고 싶은 사람이 있을까? 재미있는 풍미를 좋아하는 사람은 있기 마련이다. 푸드 인스파이어드 계열의 칵테일은 특히 손님이 아주 즐거워한다. 단, 맛을 조화롭게 맞추는 일이 어렵다. 아이디어의 흐름과 각 재료의 조합을 잘 읽어보고 어느 부분이 중요한지 꼭 파악하기 바란다.

# 밀라네제 피즈

## Milanese Fizz

35ml 그릴드 아스파라거스 보드카(→ p.255)
10ml 화이트 트러플 보드카(→ p.256)
20ml 생크림
20ml 레몬주스
15ml 슈거 시럽
30ml 달걀흰자
40ml 탄산수
블랙페퍼

얼음 –
글라스 플루트 글라스
테크닉 셰이킹

① 셰이커에 탄산수를 제외한 재료를 모두 넣고 핸드블렌더로 휘저어 거품이 생성하도록 한다. ② 얼음을 넣어 셰이킹하고 파인 스트레이너로 얼음을 걸러내면서 글라스에 따른다. ③ 탄산수로 채우고 표면에 블랙페퍼를 갈아서 뿌린다.

'아스파라거스 밀라네제'를 칵테일로 표현했다. 밀라노풍이라는 의미인 밀라네제Milanese는 그린 아스파라거스에 달걀프라이를 얹고 파르메산 치즈를 뿌린 요리를 말한다. 제철에는 이탈리안 레스토랑에서 흔히 볼 수 있다. 이 칵테일의 토대인 라모스 진 피즈는 달걀흰자와 크림이 들어간 진 피즈로, 뉴올리언스의 유명한 바텐더 헨리 라모스Henry Ramos가 만들었다. 그 베이스를 진이 아닌, 아스파라거스와 화이트 트러플 보드카를 합친 것으로 바꿔보았다. 아스파라거스와 화이트 트러플 보드카, 이 둘이 메인 플레이버이지만 어디까지나 아스파라거스가 주인공이고 화이트 트러플이 여운으로 느껴지는 흐름으로 하면 된다.
밀라네제의 기본 요소는 '아스파라거스, 달걀, 파르메산'이나 밸런스상 '아스파라거스, 화이트 트러플, 달걀흰자' 조합으로 구성했다. 화이트 트러플의 플레이버는 칵테일을 약간 화려하게 만든다. 화이트 트러플 보드카는 향이 꽤 강해서 조금만 넣어도 악센트가 된다. 베이스 재료인 화이트 트러플이 들어간 꿀로 시럽(→ p.267)을 만들어 쓰는 것도 추천한다.

# 화이트 토마토 피즈

## White Tomato Fizz

35ml 바질 진(→ p.251)
35ml 클라리파이드 토마토주스(→ p.272)
10ml 레몬주스
8ml 슈거 시럽
20ml 달걀흰자
40ml 토닉워터Fever-Tree
올리브오일, 블랙페퍼

얼음 –
가니시 건조 토마토 칩
글라스 사워 글라스
테크닉 셰이킹

① 셰이커에 토닉워터를 제외한 재료를 넣고 핸드블렌더로 휘저어 거품이 생성되도록 한다. ② 얼음을 넣어 셰이킹한 뒤 파인 스트레이너로 얼음을 걸러내면서 글라스에 따른다. ③ 토닉워터로 채운 뒤 가볍게 섞는다. ④ 표면에 올리브오일을 몇 방울 떨어뜨리고 블랙페퍼를 갈아서 뿌린다.

'카프레제'의 칵테일판이다. 신선한 토마토로 칵테일을 만들기는 했으나, 2012년에 투명한 토마토주스로 만든 칵테일은 드물었다. 이 주스는 원심분리기를 사용해 토마토 퓌레에서 과육을 분리하고 투명한 액체만 꺼낸 것으로, 맛도 향기도 신선하다. 그대로 샴페인에 타서 마셔도 좋고, 바이젠(밀 맥주)에 더해 화이트 레드 아이Red Eye로 만들면 간단하면서도 맛있다.
화이트 토마토 피즈는 클라리파이드 토마토주스와 바질 진과의 밸런스, 달걀흰자의 양이 포인트다. 바질 진이 40㎖라면 토마토 리퀴드도 그만큼 넣어야 바질의 맛이 세지지 않는다. 같은 양을 넣는 것이 딱 좋다. 신선한 바질을 그대로 머들러로 으깬다면 베이스를 플레인 보드카로 해야 밸런스가 맞는다. 바질의 색소가 약간 나와서 초록색이 되긴 해도 맛있게 완성된다.
부라타Burrata 등의 프레시 치즈를 사용한 요리, 차가운 토마토 파스타, 정어리 마리네이드와의 궁합은 최고다.

# 델리지아 알 리모네

## Delizia al Limone

| | |
|---|---|
| 35ml | 카피르 라임 잎 보드카(→ p.261) |
| 15ml | 샤르트뢰즈 존 VEP<br>Chartreuse Jaune[리큐어] |
| 30ml | 생크림 |
| 20ml | 바닐라 시럽 |
| 20ml | 달걀흰자 |
| 20ml | 레몬주스 |
| | 레몬 제스트 |

얼음 –
글라스 칵테일글라스
테크닉 셰이킹

① 셰이커에 모든 재료를 넣고 핸드블렌더나 프로더로 휘젓는다. ② 얼음을 넣어 셰이킹한 뒤 파인 스트레이너로 얼음을 걸러내면서 칵테일글라스에 따른다. ③ 표면에 레몬 제스트를 깎아서 뿌린다.

델리지아 알 리모네는 이탈리아 남부 소렌토 반도 일대에서 태어난 디저트이다. 리몬첼로[6]가 스며든 스펀지케이크와 레몬 맛 크림, 커스터드 크림이 층층이 쌓인 이 레몬 케이크를 칵테일로 재현하고자 했다. 레몬과 크림이 더해진 단순한 맛이 되지 않도록 카피르 라임과 허브 플레이버를 블렌딩해 부드러우면서도 포인트가 있는 풍미로 마무리했다.
카피르 라임, 샤르트뢰즈, 레몬, 바닐라의 조합은 특히 좋아서 크림 없이 사워 칵테일로 만들어도 맛있다. 궁합이 잘 맞는 치즈 케이크나 베리류 케이크와도 함께 즐기기 바란다.
이러한 고전 디저트는 맛의 요소로 '분해'해 칵테일로 재구성하면 아주 맛있고 재미있게 완성할 수 있다. 티라미수도 그렇고, 쇼콜라 오랑주도 그렇다. 파티시에가 만드는 디저트의 레시피를 추적해서 분해해보면 분명 재미있는 조합을 발견할 수 있을 것이다.

6 Limoncello. 이탈리아 특산품인 레몬의 껍질을 사용해 만드는 술.

# 위치 크래프트

## Witch Craft

| | |
|---|---|
| 35ml | 카피르 라임 잎 가스토리 소주[7] (→ p.261) |
| 20ml | 망고 퓌레 또는 신선한 애플망고 ¼개 |
| 20ml | 퓨어 코코넛 워터 |
| 10ml | 라임주스 |
| 5ml | 코코넛 시럽 |
| 30ml | 달걀흰자 |
| ⅓tsp. | 카레 가루 |
| | 혼합 칠리 분말, 블랙페퍼 |

| | |
|---|---|
| 얼음 | 크러시드 아이스(글라스에 따라 변경) |
| 글라스 | 코코넛 껍질 또는 칵테일글라스 |
| 테크닉 | 셰이킹 |

① 셰이커에 모든 재료를 넣고 핸드블렌더로 휘젓는다. ② 얼음을 넣어 셰이킹한 뒤 파인 스트레이너로 걸러내면서 글라스에 따른다. ③ 표면에 혼합 칠리 분말과 블랙페퍼를 뿌린다.

테마는 카레 플레이버와 과일이다. 카레를 만들 때 과일을 넣어서 조미료처럼 활용하기도 하는데, 그때 카레가 '메인'이고 과일은 '서브'이지만 음료로는 반대로 생각하면 된다. 칵테일을 마실 때 처음에 카레 맛이 느껴지면 대부분은 깜짝 놀라 마실 생각이 싹 사라질 것이다. 어디까지나 프루티한 칵테일의 중간에서 여운에 걸쳐 카레(= 향신료) 향이 나는 정도가 최상의 밸런스라고 생각한다. 세상에는 꽤 독특한 배합 향신료들이 있지만, 첫 모금이 아니라 여운에 퍼지도록 배합한다. '배합'이라는 면에서 하나의 걸작품인 카레 가루는 파인애플이든 망고든 남국계 과일과 대체로 어울린다. 게다가 블렌딩의 개성에 따라 토마토·코코넛·사과·바나나·오렌지 등도 잘 어울린다. 단, 겔화제가 들어 있는 카레 가루는 미리 블렌딩해서 차갑게 해두면 걸쭉하게 엉겨 붙으므로 주의가 필요하다.

---

7　粕取り焼酎. 술지게미로 만든 막소주.

# 똠얌 쿨러

## Tom yum Cooler

45ml 똠얌 보드카(→ p.256)
20ml 라임주스 또는 깔라만시 1 : 라임 3 비율로 블렌딩한 주스
15ml 타마린드 시럽(→ p.266)
10ml 화이트 발사믹
1dash 타바스코
50ml 진저비어Fentimans
레몬그라스, 실고추, 고수 잎, 건조 토마토 칩

얼음 크러시드 아이스
글라스 롱 텀블러
테크닉 빌딩

① 텀블러에 진저비어를 제외한 재료를 넣고 머들러로 으깬다. 여기서 으깨는 정도에 따라 고수 향의 강약을 조절할 수 있다. ② 크러시드 아이스를 채워 넣고 진저비어를 따른 뒤 가볍게 섞는다. ③ 레몬그라스, 실고추, 건조 토마토 칩을 장식한다.

'똠얌꿍'의 칵테일 버전이라고는 해도 '똠얌' 풍미의 칵테일일 뿐 '꿍(새우)'은 들어 있지 않다. 처음에는 똠얌꿍의 구성 요소를 해체해서 재구축하려고 했으나, 이미 비슷한 칵테일이 있어 똠얌 페이스트를 보드카에 인퓨징하는 것부터 시작했다. 똠얌 맛의 보드카를 만들었다면 어떻게 해야 목 넘김이 좋을까. 요리를 칵테일화할 경우, '맛'으로서 마시기 힘들다면 상당수의 사람들은 싫어할 것이다. 따라서 칵테일에서 마시기 쉽다는 것은 매우 중요하다. 감귤만으로는 산미가 부족해 화이트 발사믹을 추가하고 산미의 포인트를 살렸다. 시럽은 레몬그라스, 카피르 라임 잎, 진저 등의 플레이버를 검토했지만 타마린드가 궁합이 가장 좋았다. 역시 원산지가 가까운 것끼리는 궁합이 잘 맞는다. 매운맛은 타바스코로 살렸다. 신선한 칠리도 빼놓을 수 없다. 베리에이션으로는 코코넛 젤라토를 얹거나 코코넛 크림을 소량 넣는 것을 추천한다. 고수잎과 똠얌꿍은 '좋아하는 사람만 좋아하는' 아이템으로, 이 절묘한 풍미에 빠지는 사람이 반드시 있을 것이다. 고수를 싫어한다면 바질로 변경해도 무방하다.

# 더 브렉퍼스트

## The Breakfast

| | |
|---|---|
| 45ml | 스모크 베이컨 보드카(→ p.261) |
| 1개 | 달걀 |
| 20ml | 프레시 콘 시럽(→ p.268) 또는 콘 시럽(→ p.267) |
| 20ml | 클라리파이드 토마토주스 (→ p.272) |
| | 블랙페퍼, 파르메산 치즈 |

| | |
|---|---|
| 얼음 | – |
| 글라스 | 쿠프 칵테일글라스 또는 수프 컵 |
| 가니시 | 와규 육포 |
| 테크닉 | 셰이킹 |

① 셰이커에 콘 시럽을 제외한 재료를 넣고 핸드블렌더로 휘저어서 거품이 생성되도록 한다. ② 얼음을 넣어 셰이킹하고 파인 스트레이너로 얼음을 걸러내면서 글라스에 따른다. ③ 표면에 블랙페퍼, 파르메산을 뿌리고 육포를 곁들인다.

'베이컨 에그'를 '분해'해 액체로 재구축한 칵테일. 베이컨은 보드카에 인퓨징하고 달걀은 전란을 사용한다. 콘은 시럽으로, 토마토는 투명 주스로 만들어 사용한다. 스모크 베이컨 보드카는 재료인 베이컨에 따라 풍미가 정해진다. 평소 좋아하는 것을 골라도 좋지만, 지나치게 품질이 좋은 베이컨은 지방의 풍미가 깔끔해 맛이 나지 않는다. 적당히 독특해야 향기도 이동하기 쉽고 알기 쉬운 맛이 된다. 이 레시피는 콘 시럽을 15㎖로 줄이면 알코올감이 두드러져서 20㎖가 딱 좋았다. 콘 시럽은 메이플 시럽으로 대체 가능하다.

# 히야시츄카

## Cold Sesame Cooler

| | |
|---|---|
| 45ml | 수프 에센스 보드카(→ p.257) |
| ¼개 | 복숭아 |
| 3장 | 오이 슬라이스 |
| 15ml | 흰깨 시럽(→ p.267) |
| 20ml | 레몬주스 |
| 15ml | 베니쇼가[8] 슈럽(→ p.269) |
| 50ml | 진저비어Fentimans |

| | |
|---|---|
| 얼음 | 크러시드 아이스 |
| 글라스 | 록 글라스 |
| 가니시 | 베니쇼가, 오이, 흰깨 |
| 테크닉 | 셰이킹 |

① 롱 틴에 진저비어를 제외한 재료를 넣고 핸드블렌더로 휘저은 뒤 얼음을 넣어 셰이킹한다. ② 파인 스트레이너로 얼음을 걸러내면서 글라스에 따른다. ③ 크러시드 아이스를 넣고 진저비어로 채운 뒤 가볍게 섞는다.

어느 날인가 스태프인 바텐더 후지와라藤原가 라멘 칵테일을 만들기 위해 시행착오를 겪고 있었다. 라멘을 '분해'해 돼지 뼈 페이스트 베이스로 스피릿을 만드는 등 '재구축'을 하고 있는데 잘되지 않는다고 했다. 그래서 재료를 조합해보았더니 웬일인지 라멘이 아니라 히야시츄카冷やし中華(일본식 중화냉면)가 만들어졌다. 농담처럼 들리겠지만 그렇게 이 레시피가 만들어졌다. 여름 메뉴로 제공하고 있으며, 레시피는 똠얌 쿨러(→ p.166)를 베이스로 한다. 신맛, 매운맛, 풋내의 밸런스로 '똠얌 쿨러'의 비율이 황금비에 가깝다. 나는 그 비율에 적용했을 뿐이고, 복숭아는 후지와라의 아이디어였다. 복숭아도 오이, 흰깨와 궁합이 잘 맞았다.

이 칵테일의 포인트는 후지와라가 '라멘 칵테일을 만들겠다'라고 결심한 부분에 있다. 잘 되지 않더라도 일단 명확한 이미지와 목표를 갖고 퍼즐 조각이 맞을 때까지 고생하다 보면 결국 마무리할 수 있다. 그러다가 생각지도 못했던 착지점(= 최종적인 칵테일)이 이렇게 가끔 생기기도 한다.

---

8　紅生姜. 생강을 우메보시를 만들고 남은 국물인 우메즈(梅酢)에 담가 절인 음식. '생강초절임'으로도 불린다.

# 사워 에그노그

## Sour Eggnog

| | |
|---|---|
| 40ml | 나라즈케[9] 보드카(→ p.257) |
| 1개 | 달걀 |
| 1tsp. | 마스카르포네 치즈 |
| 15ml | 검은깨 시럽(→ p.267) |
| 30ml | 생크림 |
| 5ml | 아가베 허니 |
| | 나라즈케 분말, 초콜릿 가나슈 |

얼음 –
글라스 대나무 컵
테크닉 셰이킹

① 틴에 모든 재료를 넣고 핸드블렌더로 휘젓는다. ② 얼음을 넣어 셰이킹한 뒤 파인 스트레이너로 얼음을 걸러내면서 컵에 따른다. ③ 표면에 나라즈케 분말을 뿌리고 초콜릿 가나슈를 갈아 장식한다.

'나라즈케 보드카'를 사용한 칵테일. 나라즈케 플레이버는 가능성이 다양한데, 이번에는 에그노그 베이스에 조합해보았다. 단맛을 제대로 넣고, 마스카르포네 치즈로 감칠맛을 내주면 모든 것이 잘 어우러진다. 초콜릿과 나라즈케의 궁합이 좋지만 둘을 섞어서 칵테일로 만들면 플레이버가 동화되는 경향이 있어서 분리해야겠다는 생각이 들었다. 완성된 칵테일 표면에 나라즈케 분말을 뿌리고 초콜릿을 갈아서 장식했다. 나라즈케의 짠맛이 칵테일의 단맛을 돋보이게 해주다가 초콜릿 풍미가 입속에 퍼지면서 맛이 바뀐다. 나라즈케는 숙성시킨 페드로 히메네스 셰리와도 잘 어울린다. 발효된 식자재끼리는 궁합이 좋은데, 미소된장 + 초콜릿, 페드로 히메네스 셰리 + 사케카스 치즈[10] 등이 그렇다. 칵테일에 자주 쓰지 않는 재료로도 조합의 가능성이 무한하다.

---

9 奈良漬け. 울외에 술지게미를 넣어 만든 장아찌의 일종.

10 酒粕チーズ. 사케를 만들고 나서 남은 술지게미(酒粕)에 담근 치즈.

# 페어 푸딩 2016

## Pear Pudding 2016

| | |
|---|---|
| 40ml | 서양배 플레이버 보드카 / 그레이 구스 라 포아<br>Grey Goose La Poire |
| ⅓개 | 르 렉치에 서양배 |
| 20ml | 아드보카트Advocaat[에그 리큐어] |
| 20ml | 생크림 |
| 15ml | 바닐라 시럽 |
| 5ml | 코냑 / 폴 지로 25년<br>Paul Giraud extra vieux |
| | 캐러멜 소스, 시나몬 분말 |

얼음 –
글라스 볼 글라스
테크닉 셰이킹

① 틴에 서양배를 잘라서 넣고 핸드블렌더로 분쇄한다. ② 캐러멜 소스, 시나몬 분말을 제외한 재료와 얼음을 넣어 셰이킹한다. ③ 파인 스트레이너로 얼음을 걸러내면서 캐러멜 소스를 소량 넣은 글라스에 따른다. ④ 표면에 시나몬을 깎아서 뿌린다.

'푸딩' 스타일의 칵테일이다. 푸딩과 매우 비슷한 맛이 나는데, 서양배·바닐라·크림의 조화가 그 맛을 결정짓는다. 바닐라 시럽 대신 시나몬 시럽을 써도 좋고, 고수 씨앗이나 아니스를 넣어 약간 스파이시하게 만들어도 되지만 딱 이 정도의 친숙한 맛이 인기가 좋았다. 폴 지로를 약간 넣으면 깊이가 더해진다. 칼바도스든 코냑이든 잘 숙성된 상태의 궁합이 맞는 것을 고른다. 이 레시피의 서양배 르 렉치에Le Lectier를 복숭아나 멜론으로, 베이스를 플레인 보드카로 바꾸어도 잘 어울린다.

# 로크포르 콜라다

## Roquefort Colada

35ml 로크포르 럼(→ p.254)
1/8개 파인애플
30ml 생크림
15ml 아가베 허니
캐러멜 팝콘 크런치

얼음 –
글라스 텀블러
가니시 건조 파인애플
테크닉 블렌더

① 틴에 모든 재료를 넣고 크러시드 아이스 약 50g과 함께 핸드블렌더로 휘젓는다. ② 글라스에 따른 뒤 캐러멜 팝콘 크런치를 뿌려 넣고 건조 파인애플을 장식한다.

'치즈와 과일'이 테마인 칵테일이다. 블루치즈에는 과일 향, 향신료 향과 함께 곰팡이 향과 철분 향이 나는데, 짠맛이 제대로 나는 개성이 강한 캐릭터에는 과일이 제격이다. 이번에는 파인애플을 썼지만, 서양배·무화과·복숭아·자몽·호박 등도 잘 어울린다.
치즈 플레이버 칵테일은 향긋한 플레이버가 맛의 어느 부분에 나타날지 생각해야 한다. 첫 모금일지 마지막 여운일지 말이다. 밸런스를 잡는 방법은 아이디어가 필요하다. 특히 단맛(궁합이 맞는 것은 예상대로 벌꿀류였다)의 밸런스가 중요하다. 단맛을 더하면 치즈가 돋보이며 맛의 윤곽이 나온다. 먼저 로크포르 럼을 30~40㎖ 넣고 부재료와의 밸런스를 확인한다. 단독으로 사용하면 플레이버는 강하지만, 알코올은 그 정도까지 강하지 않다. 부재료에 맛이 감춰지는 경우 단맛을 보태서 치즈 플레이버가 두드러지는지 확인한다. 소금을 소량 섞거나, 염분 농도 20%의 소금물을 아주 조금 더해서 맛이 두드러지는지 확인할 수도 있다. 위 2가지 방법을 썼는데도 치즈가 제대로 느껴지지 않는다면 부재료(파인애플)와의 밸런스가 나쁘거나 비율이 좋지 않은 것이므로 부재료를 바꾸거나 양을 줄인다.

# 블루치즈 마티니

## Blue cheese Martini

45ml 로크포르 코냑(→ p.254)
15ml 소테른Sauternes[스위트 화이트와인]
3ml 아가베 허니

얼음 –
글라스 칵테일글라스
가니시 블루치즈가 들어간 올리브
테크닉 스터링

① 시음용 글라스에 재료를 넣고 아가베 허니를 잘 녹인다. ② 맛을 확인하고 얼음이 들어 있는 믹싱 글라스에서 스터링한 뒤 글라스에 따른다.

보통의 마티니처럼 보이나, 입을 대는 순간 블루치즈에 꿀을 뿌려 먹고 있는 듯한 기분이 든다. 블루치즈의 플레이버 스피릿을 만들 때 여러 재료와 궁합을 맞춰보니 심플한 칵테일이나 산미와 궁합이 맞지 않았다. 그 후 시행착오를 겪다가 단맛이 치즈의 풍미를 끌어올린다는 사실을 깨닫게 해준 것이 이 칵테일이었다. 푸른곰팡이 계열의 치즈와 꿀은 궁합이 좋기로 유명한데 꿀, 아이스 와인, 소테른 등을 각각 테스트해본 결과, 꿀은 스터링했을 때 잘 녹지 않았고 아이스 와인은 단맛이 너무 두드러졌다. 반면 소테른은 감칠맛 나는 단맛이 있어 밸런스가 참 좋았다. 하지만 그것만으로는 치즈와의 조화가 완벽하지 않았다. 그래서 아가베 허니를 조금 넣었더니 그제야 조화롭게 완성되었다.
베이스 스피릿은 코냑이다. 원래는 보드카를 사용했는데 헤네시로 만들어봤더니 풍미가 현격하게 좋아졌고 맛도 있었다. 포도에서 태어나는 코냑, 귀부 포도로 만든 소테른, 꿀, 치즈 등 각 재료끼리의 궁합이 좋아서 전체적으로 더욱 어우러지게 되었다.

# 가스트로 쇼콜라 마티니

## Gastro Chocolate Martini

45ml 푸아그라 보드카(→ p.254)
120g 초콜릿 가나슈(→ p.272)
30ml 생크림(유지방 38%)
육두구, 연기

얼음 –
글라스 칵테일글라스, 투명 필름
테크닉 셰이킹

① 내열 용기에 초콜릿 가나슈와 생크림을 담고 전자레인지(700w, 30초)에 녹인다. ② 푸아그라 보드카를 넣고 프로더로 잘 휘저어 부드럽게 유화시킨다. ③ 셰이커에 넣고 얼음과 함께 잘 셰이킹한 뒤 파인 스트레이너로 얼음을 걸러내면서 글라스에 따른다. ④ 표면에 육두구를 갈아서 뿌리고, 투명한 필름 팩으로 글라스째 감싼 뒤 스모커(훈연기)의 입구를 꽂아 연기를 쬐어준다. ⑤ 손님 앞에서 팩을 연다.

이 칵테일의 키포인트는 '푸아그라 보드카 + 초콜릿' 조합이다. 플레인 보드카 베이스의 '스모크 초콜릿 칵테일'이 있는데 어느 외국인 손님에게서 '스모크 초콜릿 칵테일처럼 초콜릿과 연기를 사용해서 서프라이즈한 칵테일을 만들어달라'는 주문을 받고 즉흥적으로 생각해낸 것이다. 푸아그라와 초콜릿의 조합은 예전에 어떤 사례를 보고 기억 한구석에 들어 있었다. 실제로 조합해보니 잔두야[11] 같은 독특한 플레이버가 나타나 그전까지 없던 맛으로 완성되었다. 푸아그라의 고소함을 닮은 플레이버, 초콜릿의 부드러움, 육두구의 은은한 스파이시함, 전체를 아우르는 연기의 악센트. 초콜릿을 좋아한다면 누가 마시더라도 마음에 드는 절묘한 밸런스를 이룬다. 판단 잎 인퓨즈드 보드카를 사용하면 조금 비슷한 풍미가 되지만 이 맛은 푸아그라 보드카가 아니면 표현할 수 없다. 2013년 고안한 이후 시그니처 칵테일로서 모스코 뮬과 함께 주문이 끊이지 않는 메뉴이다.

11 헤이즐넛을 넣은 이탈리아의 초콜릿 혼합물.

# 5 콘셉추얼
Conceptual

콘셉트가 있는 칵테일을 의미한다. 메시지가 강하고, 마시는 사람에게 스토리를 전달하는 힘을 가진 칵테일이다. 콘셉트란 그 칵테일의 '세계관'으로, 레시피·글라스·외관·네이밍 등 모든 것에 일관되는 '발상과 관점'을 가리킨다. 콘셉트를 생각하는 것부터 시작해도 좋고 네이밍이나 글라스 웨어부터 착상해서 시작해도 좋다. 하나의 세계관을 만들려면 '기획력'과 그것을 전달하기 위해 구성해가는 '구성력'이 필요하다. 기획력은 유연한 발상과 인풋이 있어야 하며, 그러려면 다양한 사례를 아는 것이 중요하다. 이 책의 칵테일이 참고가 되길 바란다.

# 소잉 메리

## Thawing Mary

20ml 머위꽃 진(→ p.251)
15ml 와사비 진(→ p.250)
10ml 레몬주스
10ml 유자주스
1개 아메라[12][프루트 토마토]
적당량 클라리파이드 토마토주스(→ p.272)
액체질소, 유기농 미소된장, 민트

얼음 –
글라스 더블월 글라스
테크닉 셰이킹

① 틴에 클라리파이드 토마토주스와 액체질소를 넣고 스푼으로 잘 섞어서 분말 상태로 만든다. ② 다른 틴에 미소된장 + 민트를 제외한 재료를 넣고 핸드블렌더로 휘저은 뒤 얼음을 추가해 셰이킹한다. ③ 파인 스트레이너로 얼음을 걸러내면서 글라스에 따른다. ④ 토마토 분말을 칵테일 위에 올리고, 스푼에 미소된장과 민트 잎을 얹어 글라스 옆에 따로 곁들인다.

콘셉트는 '눈 녹는 겨울 풍경'이다. 시각적인 연출과 풍미 모두를 노린 칵테일이다. 눈이 녹을 무렵 채취하는 머위꽃의 플레이버를 베이스로, 와사비의 알싸한 매운맛, 감귤은 레몬과 유자의 블렌딩, 나머지는 토마토만으로 블러디 메리를 구성했다.
블러디 메리는 베리에이션하기 쉬워서 많은 바텐더가 도전하고 있는 칵테일로, 언제나 베리에이션 트렌드가 있다. 최근 몇 년간 해외에서는 복잡한 수프 같은 맛이나 원심분리, 워싱을 사용한 투명한 타입이 많았으나 '소잉 메리'는 그것과는 스타일이 다르다. 굉장히 달고 맛있는 토마토의 특징은 살리고, 과한 향신료 사용은 줄이는 대신 미소된장과 민트를 악센트로 더했다. 마실 때 살짝 입에 머금고 있으면 미소된장의 짠맛과 민트의 청량감이 아주 잘 매치된다. 미소된장과 민트는 같이 먹으면 의외로 궁합이 좋다.
액체질소로 만든 토마토 분말은 3가지 역할이 있다. ① 맛의 악센트 ② 보냉 효과 ③ 흰 연기로 안개를 표현하는 시각 효과. 글라스 주위로는 볶은 반차를 깔아 낙엽처럼 표현했다.

12 '달죠?'라는 시즈오카 사투리에서 유래한 이름을 지닌, 당도가 매우 높은 토마토.

# 장 마리 파리나
## Jean-Marie Farina

20ml 진 / 스타 오브 봄베이Star of Bombey
3장 오이 슬라이스
30ml 만치노 비앙코Mancino Bianco[베르무트]
15ml 수즈Suze[겐티아나 리큐어]
10ml 생 제르맹St.Germain[엘더플라워 리큐어]
15ml 레몬주스
5ml 슈거 시럽
2drops 로즈 워터
50ml 토닉워터Fever-Tree
깃털, 타임 가지

얼음 크러시드 아이스
글라스 롱 텀블러(유리병 → p.183)

① 틴에 오이 슬라이스를 넣고 머들러로 으깬 뒤 토닉워터를 제외한 재료와 얼음을 셰이킹한다. ② 파인 스트레이너로 걸러내면서 글라스에 따른다. ③ 크러시드 아이스를 채우고 토닉워터를 부은 뒤 가볍게 섞는다.

'장 마리 파리나'란 프랑스에서 오랜 역사를 자랑하는 오드콜로뉴의 이름이다. 꽃·허브·시트러스가 합쳐진 산뜻한 향기를 칵테일의 맛으로 재현했다. '맛의 구현화'라는 콘셉트를 토대로, '향기를 맛으로 재구축'한 칵테일이다. 재구축은 일단 향기를 잘 맡는 데서 시작한다. ① 향수 상자에 들어 있는 상태에서 ② 실제로 뿌리고 ③ 시간 차를 두고 확인하는데 ④ 다른 사람에게 뿌려달라고 한다. 이 4단계를 통해 느낀 재료를 써 내려간다. 용담의 향기, 베르무트와 비슷한 허벌 플레이버, 시트러스 향은 몇 번이나 느꼈고, ①에서는 특히 용담이 느껴졌다. 곧바로 베르무트와 수즈로 확정지었고, 플로럴 요소로는 장미와 엘더플라워를 골랐다. 백합 등 화이트 계열의 꽃도 좋다. 거기에서 각각의 궁합이 맞는 것으로 보디를 보강하기 위해 진을, 맛을 이어주기 위해 오이를 더했다. 마시기 쉽게 해주는 역할에는 소다·토닉·사이다·샴페인을 떠올렸지만, 토닉이 궁합이 가장 잘 맞았다. 완성하고 보니 모든 재료가 잘 어우러졌다. 마무리로 장 마리 파리나의 향수를 뿌린 깃털을 유리병 위에 얹는다. 입을 가까이 대면 마시기 전에 가볍게 향기가 감돌고, '전비향Orthonasal'과 '후비향Retronasal'이 머릿속에서 서로 섞이며 향기가 '맛'으로서 인식된다. 조향사는 이미지로부터 향기를 만들어낸다. 향수의 재료 하나하나로부터 맛을 구성하는 것은 마치 천재 조향사의 궤적을 따라가는 것처럼 흥미로운 일이었다. 응용도 무한하다. 단, 향료를 마시고 있는 듯한 맛으로 만들지 말아야 한다. 화학적인 맛이 나오는 순간 칵테일로서의 맛이 떨어지게 된다.

MARIE FARINA
EAU DE

# 임모럴리티 더 몽크

## Immorality the Monk

40ml 샌들우드 진(→ p.252)
⅓개 청사과
15ml 생제르맹St.Germain[엘더플라워 리큐어]
15ml 레몬주스
타임, 유자 필, 샌들우드 칩

얼음 부순 얼음 1개
글라스 구리 컵
테크닉 셰이킹

① 틴에 슬로 주서로 착즙한 청사과의 과즙과 다른 재료들, 얼음 순으로 넣고 셰이킹한다. ② 파인 스트레이너로 걸러내면서 얼음을 넣은 컵에 따른다. ③ 유자 필을 비틀어 향을 더하고 타임을 장식한다. ④ 구리로 된 퇴수 그릇[13] 안에 샌들우드를 넣고 불을 붙인 뒤, 뚜껑을 덮어 구리 컵을 올려놓는다.

승려가 게으름을 피우며 경내에 숨어서 차를 마시고 있다고 생각했는데 알고 보니 술이었다는 스토리가 콘셉트인 칵테일. '부도덕한 승려(의 아름다운 비밀의 술)'라고 이름을 지었다.
플레이버로는 사원이 떠오르는 백단(샌들우드)을 골랐다. 깊은 향기가 나서 싱글 몰트 위스키인 하쿠슈白州 등에서도 느낄 수 있다. 백단에는 백목 같은 시원한 이미지가 있어서 그와 같은 인상을 주는 화이트 계열의 꽃이나 허브, 녹황색 계열의 과일 중에서 궁합이 맞는 것을 찾는다. 이번에는 엘더플라워지만, 다른 꽃이라면 은은하면서도 부드러운 향기가 있는 것이 좋을 것 같다. 라벤더와 장미처럼 강한 향기는 도박이 될 수 있다. 어디까지나 메인은 백단이다. 향기를 보완하기 위해 엘더플라워를 더하고, 청사과로 전체를 어우러지게 했다. 유자도 각 재료와 궁합이 잘 맞지만, 즙을 더 첨가하면 너무 복잡해질 것 같아서 필을 사용해 향만 가미했다. 손님이 백단을 잘 모를 수 있으니 향을 맡아보게 한 다음 권한다.

13 다구(茶具)의 하나. 찻잔이나 다관을 예열하거나 세차한 찻물을 버리고 차를 마시다 남은 물이나 차 찌꺼기를 버리는 등의 용도로 사용하는 그릇.

# 인디아 잉크

## India Ink

40ml 검은깨 보드카(→ p.253)
20g 초콜릿 가나슈(→ p.272)
1g 말차
15ml 패션프루트 퓌레
30ml 생크림
20ml 검은깨 시럽(→ p.267)
말차, 생크림, 금가루

얼음 –
글라스 칵테일글라스 또는 말차 그릇
테크닉 셰이킹

① 내열 용기에 초콜릿 가나슈를 생크림과 함께 넣고 전자레인지(700w, 30초)로 녹인다. ② 셰이커에 얼음, 나머지 재료를 넣은 뒤 프로더로 말차를 완전히 풀어준다. ③ 얼음을 추가하고 셰이킹한 뒤 파인 스트레이너로 얼음을 걸러내면서 글라스에 따른다. ④ 표면에 생크림·금가루·말차로 수채화 같은 그림을 그린다.

'수묵화'를 콘셉트로 한 칵테일이다. 칵테일 표면에 수묵화 같은 정경이 펼쳐지고, 입속에서도 다채로운 풍미가 물 흐르듯이 펼쳐지는 이미지를 그리며 만들기 시작했다. 우선 '산미가 있는 말차 초콜릿'을 맛의 출발점으로 잡았다. 초콜릿, 말차, 패션프루트를 주요 아이템으로 정하고 검은깨를 악센트로 골랐다. 그런 뒤에 이 개성이 강한 조합의 밸런스를 잡으면 어떤 향기가 어느 부분에서 나오는지 조절할 수 있다. 마시는 사람에 따라 개인차는 있겠으나, 레시피대로라면 처음에는 패션프루트·초콜릿 풍미가 느껴지고 차츰 말차·검은깨의 맛으로 이어지게 된다. 초콜릿 계열의 칵테일을 만들 때는 초콜릿 리큐어보다 홈 메이드 가나슈를 쓰고 있다. 초콜릿은 카카오 성분의 50~68%까지가 사용하기 좋다. 이보다 높으면 맛의 밸런스가 나빠진다. 화이트 초콜릿은 유화가 쉽게 되지 않으므로 블랙 초콜릿을 유화할 때보다 2배 이상 시간을 들여서 제대로 유화되도록 신경 써야 한다.

# 이미테이션 에일

## IPA & IWA

### IPA & IWA

**[IPA 이미테이션 페일 에일]**

30ml 밀크 워시 홉 진(→ p.261)
5ml 그릴드 유자 진(→ p.262)
20ml 카페리티프
A. A. Badenhorst Caperitif
[베르무트]
10ml 비가렛 차이나 차이나
Bigallet China-China[비터 리큐어]
10ml 달걀흰자
90ml 탄산수

**[IWA 이미테이션 화이트 에일]**

30ml 밀크 워시 홉 진(→ p.261)
30ml 밀크 워시 리퀴드(→ p.261)
30ml 자몽주스
10ml 달걀흰자
90ml 탄산수

얼음 –
글라스 고블렛 글라스
또는 짤막한 하프 파인트 글라스
테크닉 셰이킹

① 틴에 탄산수를 제외한 모든 재료를 넣고 얼음과 함께 셰이킹한다. 셰이킹 전에 거품을 만들 필요는 없다. ② 파인 스트레이너로 얼음을 걸러내면서 글라스에 따른다. ③ 탄산수로 채우고 가볍게 섞는다.

'맥주를 사용하지 않는 맥주 = 이미테이션'이 콘셉트인 칵테일. 맥주 맛의 핵심은 홉이다. 현대 크래프트 맥주도 그렇고, 발효와 숙성 상태에 따라 맛의 방향은 조절할 수 있어 결국 맥주 맛의 시작점은 어떤 홉을 사용하고 어떻게 그 홉의 향기를 블렌딩하고 살리느냐다. 나는 여러 종의 홉을 사용하고 있다. 메인은 아로마 홉의 대표 품종인 캐스케이드Cascade인데 플로럴하면서도 시트러스한 아로마가 특징적이다. 다른 홉 품종에는 풀과 비슷한 것, 남국계의 과실 향이 강한 것 등이 있다. 사츠Saaz라는 체코의 전통적인 아로마 홉도 꽃과 과실의 아로마가 근사하게 퍼진다. 더 씁쓸하게 만들고 싶다면 비터 홉(알파산이 높은 것), 향기를 우선으로 하고 싶다면 아로마 홉(알파산이 낮은 것)을 고른다. 맥주의 맛은 '쓴맛'을 어떻게 만들지, 얼마나 복합적으로 재구축할지에 달렸다. IPA는 특히 홉의 쓴맛과 프루티함의 복합이다. 요즘의 맥주 맛은 칵테일 같다는데 그만큼 복잡하고 맛이 다양하다.

IPA용 카페리티프는 키나 외에 다수의 허브를 블렌딩한 남아프리카의 베르무트를 사용한다. 이것을 비가렛 차이나 차이나와 합쳐서 홉뿐만이 아닌 쓴맛과 아로마를 구성한다. 그릴드 유자 진은 구운 유자를 진에 담근 것으로, 악센트로 소량만 쓰고 있다. 이유는 쓴맛과 구운 유자의 향기를 전체에 숨기고 싶어서이다. 거품은 달걀흰자로 표현하지만, 사워 칵테일처럼 거품 1개라든가 30㎖ 이상을 사용할 필요는 없다. 밀크 홉 진에 포함된 단백질에서 거품이 다소 생성된다.
탄산은 제대로 넣어야 좋은 '탄산감'이 나와서 더 맥주스럽게 느껴진다. 거품이 너무 섬세하지 않아야 더욱 맥주스럽다. 이 칵테일을 마시면 드래프트 맥주보다 뒷맛이 산뜻한 이유는 드래프트 맥주처럼 탄산가스가 녹아 있는 것이 아니라 단순히 탄산수를 추가했기 때문이다. 칵테일 본체의 거품은 달걀흰자로 만든 것이고, 탄산가스는 함유하지 않는다. 그래서 맥주 특유의 목 넘김은 없지만, 개운해서 여운이 남지 않는다. 맥주를 마시면 배가 부르고 마시다가 지치는 상황을 이 칵테일이 해소해준다. '역시 맥주'라고 느끼게 해주는 플레이버를, 산뜻하고 섬세하게 즐길 수 있는 한 잔이다.

IWA는 응용 레시피다. 그 밖에도 초콜릿 에일, 체리 맥주, 패션프루트 맥주, 머위꽃 맥주 등으로 베리에이션할 수 있다. 구성할 때의 유의점은 메인 = 홉 스피릿, 플레이버 = IPA의 경우는 카페리티프 + 차이나 차이나 / IWA의 경우는 밀크 워시 리퀴드 + 자몽주스, 악센트 = 그릴드 유자 등과 같이 카테고리를 나눈 뒤 순서를 따라야 한다.

# 포 심즈

## Four Seams

45ml 히노키 보드카(→ p.252)
20ml 레몬주스
15ml 검은깨 시럽(→ p.267)
40ml 달걀흰자
미소된장 분말, 다시 솔트, 유카리[14]

얼음 –
글라스 이치고마스[15]
테크닉 셰이킹

① 틴에 모든 재료를 넣고 핸드블렌더로 휘저어 거품이 일게 한 뒤 얼음을 넣어 셰이킹한다. ② 파인 스트레이너로 얼음을 걸러내면서 마스에 따른다. ③ 마스의 세 모서리에 미소된장 분말, 다시 솔트, 유카리를 소량씩 얹는다. ④ 표면에 한련화를 장식하고 로즈 워터를 한 방울 떨어뜨린다.

'하나의 칵테일로 4가지 맛을 표현한다'. 마스를 사용한 칵테일을 만들려고 했던 것이 시작이었는데, '모서리에 올리는 소금을 맛보면서 술을 마시는' 마스자케枡酒 스타일을 발전시켜서 '칵테일 + 3종의 시즈닝 = 4가지 맛' 콘셉트가 탄생했다. 칵테일이 마스의 높이와 딱 맞춰지면 표면이 아름답게 보인다. 세 모서리에 올리는 향신료는 각각 맛의 개성이 다른 것으로 하고, 베이스 칵테일은 복잡하지 않아야 한다. 그래야 맛의 변화를 알기 쉽다. 베이스 술과 향신료와의 조합을 바꾸면 다양하게 응용할 수 있다. 현재 8가지 패턴(No. 1~No. 8)이 있다. 그 예를 소개한다.

### Another Recipe

[패턴 No. 8]
40ml 카피르 라임 닷사이獺祭 가스토리 소주(→ p.261)
15ml 패션프루트 퓌레
10ml 유자주스
10ml 레몬주스
10ml 레몬 버베나 & 딜 코디얼(→ p.268)
40ml 달걀흰자
카시스 분말, 코코넛 플레이크, 초콜릿

14 차조기 잎으로 만든 후리카케.
15 '마스(枡)'란 원래 액체나 곡물 등의 분량을 잴 때 쓰는 '되'를 의미하나, 일본에서는 일본주를 마스에 그대로 따라 마시기도 하고 마스 안에 잔을 넣어 마시기도 한다. 이치고마스(一合枡) = 약 180㎖.

# 6 티 칵테일
## Tea cocktail

일본인에게 차는 하나의 문화다. 농산물이자 와비사비[16]의 정신성이기도 하며, 때로는 정치이기도 하다. 일본의 차는 12세기에 덴차의 제조법과 차 마시는 법이 중국에서 전해져왔고, 16세기에 다도가 완성되었으며 에도 시대 중기엔 센차가, 말기엔 교쿠로가 처음 완성되었다. 차를 마시는 행위에 독자적인 세계관을 갖는 것이 일본의 다도, 센차도煎茶道다. 나는 차의 역사와 나아갈 길, 문화를 제대로 공부한 뒤 티 칵테일에 임하고 싶다. 차에 술을 섞어서 칵테일로 만드는 것은 차의 가치를 새롭게 발견하는 일이다. 이번 챕터에서는 차의 성질을 고려해 클래식, 믹솔로지, 티테일 등 3가지 접근법을 바탕으로 칵테일을 고안했으니 참고해주기 바란다.

---

16 *侘び寂び*. 부족하지만, 그 내면의 깊이가 충만함을 의미하는 말. 불완전함의 미학을 나타내는 일본의 문화적 전통 미의식 또는 미적 관념의 하나다.

# '티 칵테일'과 '티테일'

일본의 미각 문화를 투영한 칵테일을 창작하는 재료로서 '차'의 가능성은 무한대다. 나는 2017년 긴자에 티 칵테일을 테마로 한 가게, 믹솔로지 살롱Mixology Salon을 개업했다.

'차茶'라는 목표를 세우고 나서는 각종 찻잎의 산지, 성분, 제조법·품질, 우리는 법을 배우고, 향과 맛의 뉘앙스를 느껴가면서 방법론을 찾았다. 그렇다면 티 칵테일이란 무엇인가? 3가지 장르로 정리했다.

① 다도와 말차를 사용한 클래식 칵테일의 베리에이션
　(예) 교쿠로 마티니(→ p.195), 로스티드 럼 맨해튼(→ p.200)
② 찻잎, 말차를 사용한 믹솔로지 스타일의 티 칵테일
　(예) 릴리 & 골드(→ p.210)
③ 갓 우려낸 차 그 자체를 사용한 칵테일 = '티테일'

①과 ②는 지금까지 쌓아온 테크닉을 응용할 수 있다. 먼저 찻잎의 성질을 이해하고, 개성의 어느 부분을 살리고 싶은지를 이미지화해 알코올과의 조합, 플레이버의 개성을 찾아갔다. 시행착오를 거듭해가며 완성시킨 '교쿠로 마티니'는 상징적인 존재다. 말차 + 패션프루트, 호지차 + 딸기, 현미차 + 금귤 등 궁합이 잘 맞는 재료들을 발견하고 찻잎과의 특성·궁합을 알게 되면서 의외성이 있는 조합도 생겨났다.

칵테일 제조에서 새로운 도전은 ③이다. 티 칵테일을 전문으로 하는 이상, 갓 우려낸 차의 뉘앙스·향·맛의 섬세함을 칵테일로 표현하고 싶었다. 단, '차'라는 것은 보디가 섬세해서 알코올을 넣는 순간 맛이 무너진다. 이 부분이 가장 주목해야 할 점이다. 중요하게 생각하지 않으면 안 되는 포인트라는 얘기다. 일반적인 칵테일 레시피대로라면 베이스 알코올 30~50㎖로 베이스 맛을 만든다. 그러나 차에 알코올을 그렇게 많이 넣으면 그 즉시 맛이 사라진다. 그래서 '일반적인 알코올 분량에 얽매이지 않을 것'을 전제에 두고 시작했다. 먼저 차를 와인글라스에 따른 뒤 오로지 향기만 맡았다. 그 향의 뉘앙스에 가까운 재료 또는 궁합이 좋을 것 같은 재료를 고른다. 그러고 나서 그 재료를 1㎖ 단위로 추가했다. 차의 맛을 유지함과 동시에 추가한 알코올의 향과 맛이 혼재하는 '황금비율'을 찾았다. 그렇게 해서 '리산 티테일', '호지차 티테일', '재스민 티테일'(→ p.204~209) 레시피가 탄생하게 되었다.

교쿠로 마티니

# 교쿠로 마티니

## Gyokuro Martini

40ml 교쿠로 보드카(→ p.197)
10ml 기와미교쿠로極み玉露 보드카(→ p.197)
10ml 릴레 블랑Lillet Blanc[와인 리큐어]
3drops 소테른Sauternes[스위트 화이트와인]

얼음 –
글라스 칵테일글라스
가니시 라 로카La Rocca 그린 올리브
테크닉 스터링

① 시음용 글라스에 모든 재료를 넣고 미리 잘 섞는다. ② 얼음을 채운 믹싱 글라스에 한 바퀴 빙 둘러 붓고 스터링한 뒤 글라스에 따른다.

교쿠로는 강한 감칠맛이 특징이다. 녹차의 테아닌(아미노산) 함유량이 가장 많은 것이 교쿠로이고, 그 맛은 '감칠맛 덩어리'라 표현할 수 있겠다. 다시를 연상시키기도 한다. 이 맛을 어떻게 표현하느냐가 '교쿠로 칵테일'의 최대 관건이었다.
베이스 스피릿이 될 교쿠로 보드카를 만드는 것이 출발점이었다. 상당한 시행착오를 겪었는데, 테아닌이 제대로 느껴지는 양으로서 보드카 1병에 몇 g의 교쿠로가 필요한지 잘 몰랐다. 고가인 교쿠로는 차로 쓸 양을 기준으로 생각하고 1병당 약 10g을 담가서 스피릿을 만들었다. 그러나 그 정도로는 테아닌을 느낄 수 없었다. 서서히 양을 늘리다 30g까지 갔을 때, 이 이상 돈을 들이더라도 좋은 결과는 나오지 않을 거란 생각이 들었다. 뭔가가 달라야 할 것 같았다. 추출법을 바꾸었다. 에바포레이터를 사용해 교쿠로 50g과 보드카를 증류한 결과, 그제야 납득할 만한 맛이 되었다. 여기서 교쿠로의 '양'과 '질'이 필요하다는 사실과, 담그는 것만으로는 테아닌을 추출할 수 없다는 사실이 중요하다. 다만, 증류가 모든 차에 유효한 것은 아니다. 센차, 호지차는 담그는 방식의 인퓨전이 더욱 분명한 맛을 느끼게 해준다.
교쿠로 보드카의 완성이 이 칵테일의 시작점이 되었다. 허브나 향신료 플레이버가 강한 드라이 베르무트로는 교쿠로의 테아닌 성분을 느끼는 데 방해가 됐다. '감칠맛을 살려주는' 이미지를 찾다가 포도의 단맛과 신선함이 느껴지는 릴레 블랑을 골랐다. 소량만 넣는 소테른은 감칠맛에 약간의 악센트를 부여해준다. 교쿠로의 향기로운 풍미를 깔끔하게 살리고 싶었기 때문에 레몬 필은 필요 없었다. 올리브는 짠맛으로서 궁합은 좋지만, 맛에 미치는 영향을 최소한으로 하고 싶어 따로 곁들였다. 이 칵테일의 완성이 티테일 전문점인 '믹솔로지 살롱'의 개업을 앞당기게 해주었다고 해도 과언은 아니다. 나의 티테일의 원점이라 할 수 있는 칵테일이다.

**[교쿠로 보드카]**

50g 교쿠로 찻잎[상급 사에미도리, 고코ごこう(GOKO) 추천]
700ml 보드카 / 그레이 구스Grey Goose
150ml 미네랄워터

① 플라스크에 교쿠로의 찻잎과 보드카를 넣어 증류한다. ② 기압은 30mbar, 워터 배스는 40℃, 회전수는 50~120rpm, 냉각수는 -5도로 설정한다. ③ 500ml를 추출한 후 꺼내고, 미네랄워터를 150ml 더 넣어 보틀링한다. 상온에서 보관한다.

**[기와미교쿠로 보드카]**

50g 전통 혼교쿠로本玉露 찻잎(최상급 사에미도리, 고코 추천)
700ml 보드카 / 그레이 구스Grey Goose
150ml 미네랄워터

① 플라스크에 혼교쿠로의 찻잎과 보드카를 넣어 증류한다. ② 기압은 30mbar, 워터 배스는 40℃, 회전수는 50~120rpm, 냉각수는 -5도로 설정한다. ③ 500ml를 추출한 후 꺼내고, 미네랄워터를 150ml 더 넣어 보틀링한다. 상온에서 보관한다.

# 센차 진토닉

## Green Tea Gin Tonic

30~40ml 센차 진(→ p.198)
80ml 토닉워터Fever-Tree

얼음 각얼음 3개
글라스 텀블러
테크닉 빌딩

① 글라스에 각얼음을 넣는다. ② 탄산수를 얼음 위에 싹 뿌렸다가 버린다. ③ 센차 진을 얼음에 한 바퀴 빙 둘러 부은 뒤 얼음의 틈 사이로 붓고, 토닉워터도 얼음에 닿지 않도록 부은 뒤 대류로 섞는다. ④ 마지막에 가볍게 스터링해서 완성한다.

심플한 칵테일이 센차의 맛을 가장 잘 전달해 제대로 맛볼 수 있게 해준다. 센차 잎에는 일본의 차농림茶農林에 등록된 품종만 해도 50종 이상이 있으며, 특수 배합 등을 포함하면 100종이 넘는다. 센차 진에는 주로 사에미도리, 야부키타, 쓰유히카리를 쓰고 있다. 사에미도리さえみどり는 발색이 좋고 단맛과 볼륨이 제대로 나온다. 야부키타やぶきた는 센차의 80% 이상을 차지하는 인기 품종으로, 선호하는 브랜드의 가마이리차[17]를 골라서 쓰고 있다. 쓰유히카리つゆひかり는 무겁지 않고 산뜻한 풍미로 완성된다. 처음에는 레시피에 라임도 넣었으나, 넣지 않는 형태로 정착했다. 교쿠로에도 상통하는 이야기지만, 센차와 감귤의 궁합은 그다지 좋지 않다. 감귤의 톡 쏘는 맛이 쓴맛처럼 느껴진다. 여름이라면 5㎖ 정도를 넣고 그 쓴맛에 의한 산뜻함을 즐길 수도 있지만, 넣지 않아야 센차 자체의 맛이 입속에 퍼져서 맛있게 표현된다.

Key ingredients

**[센차 진]**
13g 후카무시 센차深蒸し煎茶(사에미도리) 잎
750ml 진 / 봄베이 사파이어Bombay Saphire Gin

① 센차 잎을 진에 담가 하룻밤 둔다. ② 다음날 차 거름망으로 걸러내면서 보틀링한 뒤 상온에서 보관한다.

진은 봄베이 사파이어 진 외에 찻잎에 따라 로쿠六, 텐커레이를 사용하고 있다. 플레이버가 너무 강한 진, 시트러스 향이 두드러지는 것은 좋지 않다. 찻잎은 계절에 따라 가마이리차나 일반 센차도 사용한다.

17 釜炒り茶. 가마에 덖어서 만드는 불발효차의 일종. '부초차(釜炒茶)'라고도 한다.

# 로스티드 럼 맨해튼

## Roasted Rum Manhattan

45ml 호지차 럼(→ p.200)
5ml 코냑 / 다니엘 부주 XODaniel Bouju XO
15ml 카르파노 안티카 포뮬라Carpano Antica formula[베르무트]
5ml 카르파노 푼 테 메스Carpano Punt e Mes[베르무트]

얼음 –
글라스 칵테일글라스
가니시 그리오틴Griottines 체리 또는 블랙 체리
테크닉 스터링

① 시음용 글라스에 재료를 넣고 미리 잘 섞는다. ② 얼음을 채운 믹싱 글라스에 한 바퀴 빙 둘러 붓고, 스터링한 뒤 글라스에 따른다.

호지차를 사용한 맨해튼 칵테일의 베리에이션. 진하게 볶은 호지차를 사용한다. 베이스의 론 자카파 럼의 탄탄한 단맛에 호지차의 쓴맛과 로스트 향이 합쳐지면서 절묘한 맛이 탄생한다. 이것만으로도 맛있지만, 맛에 깊이를 더하기 위해서 장기 숙성한 코냑을 넣었다. '블랙 코냑'이라고도 불리는 다니엘 부주는 우디 향이 나서 호지차의 로스트 향과 궁합이 잘 맞는다.
일반적인 맨해튼 레시피처럼 베르무트는 2종을 사용해 복잡함을 더한다. 단순한 호지차 풍미의 맨해튼이 아니라 여운에 여러 가지 플레이버가 한데 어우러지도록 조합한다. 체리와도 어울리니 2개 정도 담가 먹으면서 마셔도 좋다. 초콜릿과도 잘 맞는다. 봉봉 쇼콜라를 먹으면서 시가와 이 칵테일을 함께하면 더없이 행복한 마리아주(음식과 술의 궁합)를 맛볼 수 있다.

Key ingredients

**[호지차 럼]**
13g 진하게 볶은 호지차 잎
750ml 럼 / 론 자카파 23Ron Zacapa

① 호지차 잎을 럼에 담가 하룻밤 둔다. ② 다음날 차 거름망으로 걸러내면서 보틀링한 뒤 상온에서 보관한다. 버번으로 만들 때도 분량은 같다. 단, 떫은맛이 적고 바닐린이 많은 버번을 고른다.

# 그린 티 패션드

## Green Tea Fashioned

| | |
|---|---|
| 30ml | 버번 / 메이커스 마크 레드 톱Maker's Mark Red Top |
| 15ml | 위스키 / 코발Koval |
| 5ml | 흑당 시럽 |
| 1.2g | 말차 |
| 0.2ml | 밥스 초콜릿 비터스Bob's Chocolate Bitters |
| 0.2ml | 밥스 바닐라 비터스Bob's Vanilla Bitters |
| | 금가루 |

| | |
|---|---|
| 얼음 | 록 아이스 1개 |
| 글라스 | 올드 패션드 글라스 |
| 테크닉 | 셰이킹 |

① 셰이커에 재료를 모두 넣고 프로더로 충분히 휘젓는다. ② 얼음을 넣어 셰이킹한 뒤 파인 스트레이너로 걸러내면서 글라스에 따른다. ③ 얼음 표면에 금가루를 뿌린다.

말차를 사용한 올드 패션드. 질 좋은 말차는 테아닌(아미노산) 함유량이 풍부하고 감칠맛이 응축되어 있다. 차의 등급이 내려가면 쓴맛과 떫은맛(카테킨이 많아서)이 나게 마련인데 그렇다고 해서 꼭 나쁘다고만은 할 수 없다. 칵테일에 따라 단맛이 강한 말차, 떫은맛을 함유한 말차 등 어울리는 것을 고르는 것이 중요하다. 단, 다도 연습용 말차 같은 간이 타입은 사용하지 않는다. 이 칵테일에는 최대한 등급이 높은 것, 즉 30g에 3,000엔(약 3만 2,000원) 정도를 기준으로 사용한다. 발색이 좋고 단맛이 강한 것을 추천한다. 양도 넉넉하게 1잔에 1.2g을 준비한다. 양을 적게 하거나 등급을 낮추는 순간 값싼 말차의 맛이 나는 것은 당연지사다. 말차의 맛을 제대로 느낄 수 있게 진하게 완성하면 술맛도 여운도 전혀 다르다.
베이스 위스키인 버번은 오크 향이 강하지 않고 떫은맛이 적은 것으로 골랐다. 말차와 궁합이 잘 맞는 위스키가 무엇일지 생각해보니 '바닐라 향', '은은한 오크 향', 이 2가지가 떠올랐다. 오크 향이 너무 두드러지면 말차의 맛이 떫게 느껴지게 된다. 버번이 가진 바닐라와 카카오 플레이버는 말차와 궁합이 잘 맞는다. 단맛이 꽤 강한 일본 위스키인 야마자키山崎는 흑당 시럽을 조금 줄여 3㎖만 넣는다. 말차는 스모키 플레이버도 의외로 잘 어울리니 아일라를 소량만 블렌딩해도 맛있다. 단맛은 흑당 시럽 외에 바닐라, 메이플 시럽과도 어울린다. 비터스는 취향에 따라 넣고 말차와 궁합이 맞는 카르다몸, 오렌지 비터스도 흥미로울 듯하다.
말차는 차센[18]으로 섞을 수도 있지만, 상온에서 잘 녹지 않으니 제대로 휘저어야 한다.

---

18 茶筅. 가루차를 끓일 때 차를 저어서 거품을 일게 하는 도구.

호지차 티테일

재스민 티테일 리산차 티테일

# 호지차 티테일

## Roasted Teatail

6oml 호지차
8ml 크렘 드 카시스 필립 드 부르고뉴Philippe de Bourgogne[카시스 리큐어]
1oml 다우 1985Dow's Port[포트와인]
5ml 코냑 / 다니엘 부주 XODaniel Bouju XO

얼음 –
글라스 튤립형 부르고뉴 와인글라스
테크닉 스터링

① 호지차를 우린 뒤 급랭한다. ② 와인글라스에 다니엘 부주를 따른 뒤 글라스를 회전시켜서 안쪽에 술을 바른다. ③ 얼음을 넣은 믹싱 글라스에 호지차와 나머지 재료를 넣고 스터링한다. ④ 글라스에 천천히 따른다.

**[호지차 우리는 법]** *칵테일용이므로 진하게 우린다.
4g 호지차 잎
8oml 끓인 물(95℃)
2분 추출 시간

① 찻주전자에 끓인 물을 넣었다가 버린다. ② 찻잎을 넣고 뜨거운 물 80ml를 붓는다. ③ 2분 뒤 용기에 따른다. ④ 같은 양의 뜨거운 물을 붓고 1분간 추출한 뒤 용기에 따른다.

호지차는 고소한 맛이 특징이지만, 로스팅 정도에 따라 맛이 달라진다. 이러한 점은 커피에 가깝다. 칵테일에 따라 로스팅 정도를 달리하는데, 여기서 찻잎은 진하게 볶은 타입을 썼다. 조합도 이 찻잎 베이스로 생각했다. 호지차는 맛의 방향이 몇 가지 있다. 하나는 초콜릿과 바닐라 등의 방향. 다른 하나는 살구와 무화과가 어울리는 프루티한 방향. 이번에는 전자를 상정해서 블렌딩을 고안했다. 초콜릿 그 자체와의 블렌딩도 대단히 좋지만, '초콜릿 × 베리'로부터 연상되는 호지차에 베리를 조합했다. 달달한 베리 칵테일이나 산미가 두드러지는 칵테일이 아니라 약간 쓰면서 성숙한 풍미를 띤다.
포트와인이 가벼우면 묵직함이 나오지 않으니 최소 20년 이상 숙성된 것을 고른다. 초콜릿과 궁합이 잘 맞으므로 초콜릿 시폰 케이크나 장미 향이 나는 봉봉 쇼콜라와의 페어링을 추천한다.

# 재스민 티테일

## Jasmin Teatail

**[레시피 ❶]**

50ml 재스민차
10ml 생 제르맹St.Germain[엘더플라워 리큐어]
20ml 밀크 워시 리쿼드(→ p.271)
10ml 서양배 플레이버 보드카 / 그레이 구스 라 포아Grey Goose La Poire
5ml 칼바도스 / 르모르통 1972Lemorton

얼음 –
글라스 튤립형 부르고뉴 와인글라스
테크닉 스터링

① 재스민차를 우린 뒤 급랭한다. ② 와인글라스에 르모르통을 따른 뒤 글라스를 회전시켜서 안쪽에 술을 바른다. ③ 얼음을 넣은 믹싱 글라스에 재스민차와 나머지 재료를 넣어 스터링한다. ④ 글라스에 천천히 따른다.

**[레시피 ❷]**

40ml 재스민차
30ml 아마부키天吹 기모토 준마이 다이긴죠生酛純米大吟醸
10ml 생 제르맹St.Germain[엘더플라워 리큐어]
10ml 밀크 워시 리쿼드(→ p.271)

① 얼음이 들어 있는 믹싱 글라스에 모든 재료를 넣어 스터링한다. ② 글라스에 따른다.

**[재스민차 우리는 법]**

2g 재스민차 찻잎
80ml 끓인 물(95℃)
3분 추출 시간

① 찻주전자에 끓인 물을 넣었다가 버린다. ② 찻잎을 넣고 뜨거운 물을 부었다가 버린다. ③ 뜨거운 물을 80ml 붓고 뚜껑을 덮은 뒤 그 위에서도 끓인 물을 찻주전자에 붓는다. ④ 3분 뒤 용기에 따른다. 같은 요령으로 3번째 탕까지 우린다.

녹차의 싹 부분만 사용한 호화스러운 재스민차를 쓰고 있다. 2종을 블렌딩했는데, 중국 윈난성 자연재배다원의 찻잎은 제대로 된 풍미와 농후한 여운이 특징이다. 푸젠성의 찻잎은 맛이 순하고 부드럽다. 쓴맛은 거의 없고 특별한 맛이 나며 향이 매우 신선하다. 재스민 티테일에는 여러 종류의 레시피가 있는데, 대표적인 2가지를 소개한다.

하나는 재스민차와 궁합이 잘 맞는 엘더플라워, 젖산 풍미의 밀크 워시 리퀴드, 그것을 감싸는 르모르통의 조합이다. 다른 하나는 재스민차와 다이긴죠大吟醸의 조합이다. 두 조합 모두 공통적으로 녹황색 계열에서 발산하는 향이 있다. 다이긴죠 향에는 멜론 같은 프루티함과 플로럴 향이 있어서 꽃과 궁합이 좋다. 물론 재스민, 엘더플라워와 잘 어울린다. 이것을 감싸는 향은 코냑보다 사과와 서양배로 만든 칼바도스가 제격이다.

# 리산 티테일

## Li-shang Teatail

60ml 리산차
10ml 복숭아 리큐어 / 마리엔호프Marienhof Pfirsich Likör
5ml 아르마냐크[19] / 도멘 보와니에르 폴 블랑슈 1995Domaine Boignères Folle Blanche

얼음 –
글라스 튤립형 부르고뉴 와인글라스
테크닉 스터링

① 리산차를 우린 뒤 틴 등의 용기에 넣는다. ② 얼음물에 담가서 급랭한다. ③ 와인글라스에 도멘 보와니에르를 따른 뒤 글라스를 회전시켜서 안쪽에 술을 바른다. ④ 얼음을 넣은 믹싱 글라스에 리산차와 복숭아 리큐어를 넣어 스터링한다. ⑤ 글라스에 천천히 따른다.

**[리산차 우리는 법]**
2g 리산차 잎
70ml 끓인 물(95℃)
3분 추출 시간

① 찻주전자에 끓인 물을 넣었다가 버린다. ② 찻잎을 넣고 뜨거운 물을 약 50ml 부었다가 곧바로 버린다. ③ 뜨거운 물 70ml를 넣고 뚜껑을 덮은 뒤 찻주전자 위에서 다시 뜨거운 물을 따른다. ④ 3분 뒤 용기에 따른다. 같은 요령으로 3번째 탕까지 우린다.

19 프랑스 보르도 지방의 남쪽 피레네산맥에 가까운 아르마냐크 지역에서 생산되는 브랜디의 일종.

리산차는 대만 우롱차 가운데 최고급 차다. 해발 2,400m 고산 지대에서 재배되며, 고산 식물의 생육 환경에서 자란 덕분에 플로럴하고 프루티한 향기 성분을 함유한 찻잎이 된다. 이 향에는 아무래도 흰색 계열의 과일이 어울릴 듯하다. 마리엔호프의 천연 복숭아 리큐어는 리산차의 프루티함을 증강시켜준다. 도멘 보와니에르는 칵테일에 섞지 않고, 아주 조금만 글라스 안쪽에 바른다. 역할은 잘 숙성된 아르마냐크만이 가진 향기로운 풍미로 리산차와 복숭아의 칵테일을 감싸는 것이다. 이름만 놓고 봤을 때 칵테일에서는 도저히 사용할 수 없는 하이엔드 술이지만, 겨우 5㎖만이라서 가능하다. 경쾌함 속에서 향기의 밸런스를 맞추는 티테일만의 특징이라고도 할 수 있다.

향기의 상승과 시간에 따른 변화를 즐기기에는 부르고뉴 타입의 와인글라스가 최적이다. 우선은 글라스에 코를 가까이 대고 아르마냐크의 향을 느껴본다. 그리고 그대로 천천히 첫 모금을 마신다. 다음으로 글라스를 회전시켜서 안쪽에 바른 향을 흩어지게 한 뒤 감돌고 있던 아르마냐크 향을 액체에 섞는다. 그러면 두 번째 모금부터 풍미가 달라진다. 이후에는 시간과 함께, 맛과 향이 변하는 것을 즐기면서 마신다. 다 마실 때까지 4~5종의 풍미의 변화를 즐길 수 있는 만화경 같은 칵테일이다. 찻잎·베이스의 스피릿·향기를 연출하는 숙성주의 조합에 따라 끝없이 베리에이션할 수 있다.

# 릴리 & 골드

## Lilly & Gold

35ml 보드카 / 그레이 구스Grey Goose
1.0g 말차
20ml 패션프루트 퓌레
30ml 코코넛 워터
10ml 바닐라 시럽(→ p.266)
금가루

얼음 –
글라스 칵테일글라스
테크닉 셰이킹

① 셰이커에 재료를 모두 넣고 프로더로 충분히 휘젓는다. ② 얼음을 넣어 셰이킹한 뒤 파인 스트레이너로 얼음을 걸러내면서 글라스에 따른다. ③ 표면에 금가루를 뿌린다.

한 주얼리 브랜드의 부티크 오프닝 파티용으로 고안한 칵테일이다. '긴자를 테마로 한 칵테일'이 주제였다. 과거에 은의 주조를 담당한 긴자는 근대 이후부터 일본의 최신 유행을 확인할 수 있는 장소가 되었다. 지켜야 할 전통과 새로운 트렌드가 혼재하는 거리. 그 흐름을 이어받아 '말차'라는 전통 일본 차를 사용해서 새로운 맛을 구현함으로써 긴자를 표현하고자 했다.
말차와 패션프루트의 조합은 쇼콜라토리Chocolatory '에스 고야마ES KOYAMA'의 고야마 스스무小山進 셰프의 봉봉 쇼콜라에서 힌트를 얻었다. 코코넛 워터와 바닐라로 단맛의 밸런스를 잡았다. 말차와 산미의 조합은 매우 흥미롭다. 단, 쓴맛이 강한 것은 어울리지 않는다. 말차가 약하거나 패션프루트가 너무 강하면 산미가 돌출되면서 말차가 사라진다. 반대로 바닐라가 너무 강하면 단맛이 강하고 흐리멍덩한 인상이 된다. 이 상호 간의 밸런스가 매우 중요하다.
이 칵테일을 마셨던 프랑스 손님이 "5월의 백합 향이 난다"라고 한 말에서 '릴리Lilly', 전통이 새롭게 빛난다는 의미에서 '골드Gold'라고 이름을 지었다. 레시피에서 보드카를 빼면 무알코올 칵테일로 제공할 수 있다.

# 베이크드 망고 콜라다

## Baked Mango Colada

| | |
|---|---|
| 40ml | 가가보차 럼(호지차 럼→ p.263) |
| ¼개 | 애플망고(숙성 상태에 따라 망고 퓌레를 10~15ml 추가) |
| 15ml | 카카오닙스 & 바닐라 시럽(→ p.268) |
| 30ml | 생크림 |
| | 코코넛 가루 |

얼음 –
글라스 더블월 글라스
테크닉 블렌더

① 틴에 모든 재료를 넣고 크러시드 아이스 약 20g과 함께 핸드블렌더로 휘저은 뒤 글라스에 따른다. ② 표면에 코코넛 가루를 뿌린다.

호지차(가가보차)와 망고를 사용한, 피냐 콜라다의 베리에이션. 호지차·망고·바닐라의 조합은 호지차를 활용한 콤비네이션 중에서도 훌륭하다. 디저트, 스무디, 캔디 등을 만들더라도 모두가 좋아하는 맛이 된다. 호지차는 진하게 또는 적당히 볶는다. 사용하는 베이스 스피릿은 론자카파뿐 아니라 다른 다크 럼, 골드 럼으로 하면 각기 다른 개성으로 맛있게 완성할 수 있다.

# 말차 갓 파더

## Matcha God Father

| | |
|---|---|
| 10ml | 위스키 / 하쿠슈 논에이지 |
| 10ml | 아마레토[20] |
| 3ml | 흑당 시럽 |
| 2g | 말차 |
| 60ml | 뜨거운 물(60℃) |

| | |
|---|---|
| 얼음 | – |
| 글라스 | 말차 그릇 |
| 테크닉 | 차센 |

① 글라스에 하쿠슈, 아마레토, 흑당 시럽을 넣고 프리믹스한다. ② 말차 그릇에 뜨거운 물을 넣었다가 버린다. ③ 차 거름망으로 체를 쳐서 거품을 없앤 말차와 뜨거운 물을 말차 그릇에 넣은 뒤 차센으로 젓는다. ④ 2번에 나누어 프리믹스를 넣고 말차를 끓인다.

믹솔로지그룹의 클래식 마스터 바텐더인 이토 마나부가 고안한 '말차를 사용한 클래식 칵테일'의 하나. 갓 파더 자체는 리치하고 알코올도 확실히 느낄 수 있는 칵테일이다. 평범하게 말차를 넣어도 맛있지만, 끓인 말차를 섞으면 위스키와 아마레토 향이 매우 부드럽게 느껴진다. 도수가 내려가면서 술맛은 좋아지고 갓 파더스러움은 살아난다.

겉모습은 말차지만 마시면 적당하게 위스키의 감칠맛과 아마레토의 단맛이 말차에 감싸져서 입속 가득 퍼진다. 말차는 제대로 타고, 말차를 제외한 재료는 미리 프리믹스해두는 것이 요령이다. 제공할 때는 마시기에 적당한, 핫 칵테일이라고도 할 수 없는 절묘한 온도에서 입에 들어온다. 사용하는 말차는 감칠맛이 풍부하고 쓴맛이 적은 것이 적합하다. 말차 칵테일은 심플해야 차의 풍미가 깔끔하게 느껴져서 더욱 맛있다.

---

20 Amaretto. 아몬드 향이 나며 달콤한 이탈리아 리큐어. 제품에 따라 살구씨, 비터 아몬드, 복숭아씨 또는 아몬드로 만들어진다.

# 리산차 & 샤인머스캣

## Li-shang Tea & Muscat

40ml 리산차 보드카(→ p.258)
4알 샤인머스캣
10ml 레몬주스
8ml 심플 시럽
20ml 리산차(우리는 법→ p.208)

얼음 –
글라스 와인글라스
테크닉 셰이킹

① 틴에 모든 재료를 넣고 핸드블렌더로 휘젓는다. ② 얼음을 넣어 셰이킹한 뒤 파인 스트레이너로 얼음을 걸러내면서 글라스에 따른다.

대만의 고산 우롱차인 리산차는 감귤류의 독특한 향과 떫은맛을 조금도 느끼지 않게 해주는 깊은 풍미의 단맛이 특징이다. 이 칵테일의 플레이버 주체는 샤인머스캣으로, 그 주위에 리산차의 플레이버가 감도는 듯한 이미지로 만든다. 포인트는 차를 조금 추가하는 것. 리산차를 95℃의 뜨거운 물로 정성스럽게 우린 뒤 급랭한다. 이렇게 하면 차의 맛이 매우 강해진다. 단독으로는 그렇게까지 강하지 않지만, 리산차를 10~20㎖ 넣으면 칵테일에 골격이 붙고, 샤인머스캣의 맛에도 윤곽이 또렷해진다.
이 점은 다른 대만 우롱차에도 적용할 수 있다. 진하게 볶은 밀향 우롱차蜜香烏龍茶는 복숭아·사과와 궁합이 잘 맞는다. 아리산차阿里山茶는 우유 같은 젖산 향이 느껴지는데, 1tsp.의 밀크워시 리퀴드를 더하면 그 향이 더욱 강조되어 밸런스를 잡기 쉽다. 대만 차는 폭이 매우 넓고 깊다. 로스팅의 차이, 찻잎의 품종 차이 등에 체계를 세워서 테스트해보자.

# 교쿠로 코스

## Gyokuro Course

■ 교쿠로 1번째 탕

8g 찻잎
25ml 뜨거운 물(40℃)
3분 추출 시간

글라스 리큐어 글라스

① 손잡이가 없는 찻주전자에 찻잎을 넣은 뒤 뜨거운 물을 붓고 3분간 기다린다. ② 마지막 한 방울까지 글라스에 따른다. 약 10ml 정도.

■ 교쿠로 2번째 탕 = 칵테일

70ml 뜨거운 물(55℃)
3분 추출 시간

60ml 교쿠로차
10ml 필리터리 게부르츠트라미너Pillitteri Gewurztraminer[아이스 와인]
5ml 위스키 / 라프로익 안 쿠안 모르Laphroaig An Cuan Mòr

글라스 와인글라스

① 교쿠로의 2번째 탕을 우린 뒤 급랭한다. ② 와인글라스에 라프로익을 넣은 뒤 안쪽에 바르듯이 회전시켜둔다. ③ 얼음이 들어 있는 믹싱 글라스에 교쿠로차와 아이스 와인을 넣어 스터링한다. ④ 글라스에 천천히 따른다.

■ 교쿠로 3번째 탕

120ml 뜨거운 물(80℃)
2분 추출 시간
훈제 굴간장 적당량

글라스 교쿠로 찻잔

① 손잡이가 없는 찻주전자에 뜨거운 물을 붓고 2분간 기다렸다가 찻잔에 따른다. ② 찻잎은 꺼내서 작은 접시에 담고, 훈제 굴간장을 적당량 뿌려서 먹는다.

사쿠라이일본차연구소櫻井焙茶研究所의 사쿠라이 신야櫻井眞也 소장에게서 차에 관한 많은 가르침을 받았다. 사쿠라이 소장의 교쿠로 제공법을 참고 삼아서 코스 중간에 칵테일을 제공하는 3가지 코스로 만들었다. 처음에는 시즈쿠차雫茶('우마미차うま味茶'라고도 부른다)로 교쿠로의 단맛을 제대로 느낄 수 있게 한다. 교쿠로를 아주 적은 양의 미지근한 물에서 3분간 추출해 맛보는 것으로, 마신다기보다는 혀 위쪽에서 느낀다는 표현 쪽이 더 어울린다. '차'라고는 생각할 수 없을 정도로 강하게 응축된 감칠맛을 맛볼 수 있다.

2번째 탕은 1번째 탕보다 뜨거운 물의 양도 늘리고 온도도 올린다. 그렇게 하면 카테킨이 다소 추출되고 풍미가 달라진다. 이 2번째 탕을 칵테일로 만든다. 정말 고생스러운 작업이었다. 진, 럼, 위스키, 베르무트, 리큐어 등 무엇을 더해도 교쿠로의 맛을 표현할 수 없었다. 교쿠로의 테아닌은 튕기듯이 다른 것의 단맛을 받아들이지 않았고, 알코올감은 교쿠로의 맛을 저해해 그것을 감추려고 산미를 넣으면 교쿠로 맛이 사라지는 현상이 반복되었다. 이리저리 테스트하다가 교쿠로 향에서 갯바위나 김과 통하는 것을 느끼게 되었는데 그 뉘앙스에는 라프로익의 안쿠안 모르가 가장 가까웠다. 다른 아일라 위스키도 테스트해봤지만 안 쿠안 모르를 소량 추가한 것이 가장 좋았다. 다만, 여전히 뭔가 부족한 느낌이었다. 소테른을 추가했지만 조금 달랐다. 필리터리의 아이스 와인을 소량 추가했더니 이 단맛만큼은 테아닌과 궁합이 잘 맞아 무사히 완성할 수 있었다. 마시는 방법은 일단 향을 맡아서 아일라의 스모키함을 느낀 뒤에 천천히 음미한다. 향과는 정반대의 산뜻한 풍미에 놀랄 것이다. 그다음 글라스를 회전시켜서 향을 한 번 흩뜨린 뒤 떠돌고 있는 라프로익도 섞는다. 그렇게 하면 2번째 모금부터 풍미가 달라진다. 이후에는 시간이 지날수록 풍미와 향이 변하는 것을 즐긴다.

3번째 탕은 80℃의 뜨거운 물로 우려 친숙한 맛의 차로 마무리한다. 마지막으로 훈제한 굴간장을 찻잎 위에 살짝 뿌리고 먹는다. 차에는 비타민 13종 중 12종이 함유되어 있지만, 그중 절반은 수용성이 아니라서 마셔도 섭취할 수 없다. 찻잎을 먹음으로써 모든 비타민을 섭취하는 것은 예전부터 전해져온 찻잎을 즐기는 방법이다.

# 7 커피 칵테일
## Coffee cocktail

커피 칵테일이라고 하면 그동안은 아이리시 커피와 에스프레소 마티니를 떠올렸다. 그러나 스페셜티 커피가 그 흐름을 바꿔놓았다. 커피에도 와인과 같은 복합성이 있고 프루티함이 있다. 이 다양성으로 어떤 칵테일을 만들 수 있을까. 바리스타 업계에서는 연구와 정보 공유가 성행하며 '커피 칵테일이야말로 커피의 제4의 물결'이라는 말까지 나오고 있다. 바텐더에게 산지, 로스팅, 보존, 추출에 따라 개성이 확 달라지는 커피를 자유자재로 다루는 것은 굉장히 어려운 일이지만 거기에는 미래와 가능성이 있다. 여기서 소개하는 메뉴들은 여러 해에 걸쳐 바리스타들의 협력을 얻으면서 만든 커피 칵테일이다. 조합에는 정답이 없으며, 파생은 자유롭게 가능하다.

# 아이스 페리고르 커피

## Ice Perigord Coffee

10ml 푸아그라 보드카(→ p.254)
10ml 통카빈 럼(→ p.260)
5ml 바닐라 시럽
60ml 콜드브루 커피
40ml 60% 휘핑한 생크림

얼음 –
글라스 튤립형 부르고뉴 와인글라스
테크닉 스터링

① 믹싱 글라스에 생크림을 제외한 재료를 넣고 가볍게 섞는다. ② 큐브드 아이스 2개를 넣고 천천히 스터링한다. ③ 너무 차가워지지 않도록 10번만 스터링한 뒤 와인글라스에 따른다. ④ 생크림을 천천히 띄운다.

아이리시 커피의 콜드 버전으로 고안한 칵테일. 서드 웨이브 커피[21]가 등장한 이후, 커피 단일의 향기에서 느껴지는 풍부함과 널리 퍼지는 풍미는 와인과 비슷해 보인다. 단, 열을 가하는 제조법 때문에 산화가 빠르고, 커피를 마시는 시점에서 향기의 잠재력을 100% 즐기지 못하는 느낌이 든다. 그러나 갓 내린 스페셜티 커피의 온도를 55℃까지 내린 뒤 와인글라스로 향을 맡으면, 화사한 백합과 넘치는 과실 향이 느껴진다. 그 감동을 표현하고 싶어서 이 칵테일을 고안했다. 술은 어디까지나 커피의 악센트인 견과류 플레이버로서 블렌딩했다. 커피를 방해하지 않고 맛에 더해지는 이미지다. 여기에 변화를 더한다. 크림은 60% 휘핑해서 들어 올렸을 때 가볍게 아래로 떨어지는 상태로 만들어 표면의 절반을 덮을 정도로 띄워주었다. 이렇게 하면 표면이 산화되는 것을 어느 정도 방지하는 동시에 향을 와인글라스 내부에 감돌게 할 수 있다.
아이리시 커피, 에스프레소 마티니의 뒤를 잇는 커피 칵테일의 대표 메뉴는 좀처럼 나타나지 않고 있다. 커피는 점점 섬세해지지만, 칵테일로서 조합하면 그 섬세함이 손상되는 딜레마가 있어서 스페셜티 커피 칵테일을 만들 때는 더욱 고심하게 된다. 그래도 가능성이 크다고 믿고 있다. 에스프레소, 핸드드립 커피, 콜드브루 커피, 베리에이션 커피 중 어느 것을, 어떤 요소로서 쓸지가 중요하다. 원래 커피는 플레이버가 강하므로 메인으로서의 포지션에 두지만, 악센트가 될 수도 있다. 이것은 커피빈에 따라서 다르다. 앞으로 점점 더 많은 커피 칵테일이 등장할 것이다. 단, 너무 복잡한 것은 도태되고 단순한 것만 남을 것이다.

---

21 1990년대로 접어들면서 고품격의 커피를 찾으면서도 커피에 의미를 부여하는 시기가 찾아오는데, 이런 움직임을 커피의 혁명 '서드 웨이브 커피(Third Wave Coffee)'의 시대라고 한다. 핸드드립, 공정무역 커피, 스페셜티 커피, 자가배전 등의 말도 이때부터 광범위하게 쓰이기 시작했다.

# 페어 인 더 커피

## Pear in the Coffee

40ml 서양배 플레이버 보드카 / 그레이 구스 라 포아Grey Goose La Poire
15ml 콜드브루 코코넛 커피(→ p.222)
20ml 서양배 퓌레 또는 서양배 ⅕개
10ml 레몬주스
8ml 시나몬 시럽(→ p.265)

얼음 –
글라스 칵테일글라스
테크닉 셰이킹

① 셰이커에 모든 재료를 넣고 핸드블렌더로 잘 휘젓는다. ② 얼음을 넣어 셰이킹한다. ③ 파인 스트레이너로 얼음을 걸러내면서 글라스에 따른다.

**[콜드브루 코코넛 커피 내리는 법]**
20g 커피빈
330ml 코코넛 워터(펄 로열 추천)

① 적당한 크기로 분쇄한 커피빈을 코코넛 워터와 함께 커피 추출기에 넣어 약 10시간 추출하거나, 커피빈과 코코넛 워터를 섞은 뒤 냉장고에 약 12시간 두었다가 커피 필터로 걸러낸다. ② 밀폐용기에 담아 냉장 보관한다. 4일간 보관 가능하며 품질은 3일간 유지된다.

'스페셜티 커피만의 깔끔한 플레이버를 여운으로 느끼면서 마시는 칵테일'. 지금까지의 커피 칵테일은 커피의 로스팅 향을 주체로 한 것이 대부분이지만, 이것은 스페셜티 커피의 프루티한 플레이버가 주인공이다. 커피가 과일 속에 숨어 있는 듯한 맛으로 만들고 싶었다. 궁합이 맞는 후보로 라즈베리·바나나·살구·복숭아·망고 등으로 만들어봤는데 서양배가 특히 좋았다. 서양배·커피·시나몬이 궁합이 잘 맞을 것 같다는 것을 즉시 알 수 있다. 서양배로 만든 푸딩이나 타르트에 커피를 곁들이면 굉장히 맛이 있다. 남은 것은 밸런스다. 에스프레소는 너무 강하다. 콜드브루 커피는 플레이버가 조금 약해서 베이스의 물을 코코넛 워터로 대신했더니 맛있었다. 펄 로열Pearl Royal이라는 브랜드의 코코넛 워터가 동남아에서 마시는 신선한 코코넛의 맛과 가장 비슷하다. 그 단맛과 커피의 산미와의 밸런스를 고려해 커피빈을 고른다. 레시피에 적힌 커피의 양은 칵테일을 입에 머금고 약 3초 후에 커피 맛이 나오게 잡았다. 이 양을 뒤바꾸면 나오는 맛의 볼륨도 서로 뒤바뀐다.

# 카페 콜라다 피즈

## Café Colada Fizz

45ml 럼 / 디플로마티코 레제르바Diplomatico reserva
1/8개 파인애플
1shot 산미가 강한 타입의 에스프레소
10ml 바닐라 시럽
20ml 코코넛 워터
50ml 탄산수

얼음 부순 얼음
글라스 롱 텀블러 또는 티키 컵
가니시 체리, 건조 파인애플 칩, 민트, 슈거 파우더
테크닉 셰이킹

① 에스프레소를 내린 뒤 급랭한다. ② 틴에 탄산수를 제외한 재료를 넣고 핸드블렌더로 휘젓는다. ③ 얼음을 넣어 셰이킹한 뒤 파인 스트레이너로 걸러내면서 글라스에 따른다. ④ 탄산수로 채워서 가볍게 스터링한다. ⑤ 칵테일 픽에 체리를 꽂아 장식하고 건조 파인애플 칩을 곁들인다. ⑥ 민트를 얹고 슈거 파우더를 뿌린다.

피냐 콜라다의 에스프레소 버전. 베이스는 피냐 콜라다이며, 에스프레소를 더하고 탄산도 넣어서 무더운 여름에 마시기 좋은 칵테일로 완성했다. 베이스의 럼을 화이트 럼으로 바꾸면 맛이 더욱 산뜻해지고 스파이스드 럼으로 바꾸면 더욱 복잡해진다. 에스프레소는 이 레시피에서 쓴맛뿐 아니라 산미도 담당하고 있다. 단맛과의 밸런스를 고려해 커피빈의 종류와 추출법을 정한다. 산미가 적당히 있어야 다른 재료의 단맛과 밸런스가 잡혀서 맛있다. 더욱 피냐 콜라다스러운 풍미를 원한다면 코코넛 워터를 코코넛 밀크로 바꾸면 된다. 그러면 진하고 맛있는 카페 콜라다가 탄생한다.

# 멕시칸 에스프레소 플립

## Mexican Espresso Flip

45ml 테킬라 / 돈 훌리오 레포사도Don Julio reposado
1shot 에스프레소(아라비카종, 헤비 로스트)
15ml 프란젤리코Frangelico[헤이즐넛 리큐어]
15ml 기네스 시럽(→ p.267)
1개 달걀노른자
100ml 필스너 또는 에일 맥주
육두구

얼음 취향에 따라 부순 얼음
글라스 앤티크 커피 잔 또는 쿠프 칵테일글라스
테크닉 스로잉

① 에스프레소를 내린 뒤 급랭한다. ② 틴에 필스너를 제외한 재료를 넣고 핸드블렌더 또는 달걀 거품기로 잘 휘젓는다. ③ 맥주를 붓고 6번 정도 스로잉한 뒤 글라스에 따른다. ④ 육두구를 갈아서 뿌린다.

플립 칵테일은 스피릿 또는 와인에 설탕과 달걀을 넣은 칵테일이다. 포트 플립, 브랜디 플립 등 베리에이션이 다양하다. '럼·설탕·맥주를 넣은 것에 뜨겁게 달군 쇠막대기를 넣어 가열한다'라고 쓰인 1695년의 레시피가 남아 있으나, 그 이후에 맥주가 사라지고 달걀이 추가된 듯하다. 제리 토마스의 『바텐더 가이드』(1862)에는 "플립의 기본은 2개의 용기 사이를 앞뒤로 반복해서 따르고(이른바 스로잉), 취향에 맞춰서 단맛과 향신료로 부드러움을 표현한다"라고 쓰여 있다. 현재는 쇠막대기를 넣어서 가열하는 방법과 스로잉 모두 다른 칵테일에 응용하고 있다.

이 칵테일도 아이디어와 재료를 재조합해서 만든 비어 플립의 베리에이션이다. 스피릿·달걀·맥주·설탕은 그대로이고, 변화를 주는 재료로서 에스프레소를 추가하고 있다. 실제로 플레이버가 가장 강한 에스프레소를 중심으로 재료를 골랐다. 커피와 궁합이 맞는 헤이즐넛(프란젤리코), 깊은 맛이 나는 기네스 시럽을 정하고, 베이스는 숙성 타입의 테킬라로 했다. 마시고 난 중간에서 마지막에 걸쳐 테킬라의 여운이 남는다. 제대로 된 맛의 층을 만드는 것이 목표였다. 복잡미와 탄탄함이 포인트인데 숙성 포트와인이나 럼·코냑 등도 좋다.
맥주는 몇 종을 테스트해봤는데 필스너가 가장 가볍게 마실 수 있어서 좋았다. 스타우트로 하면 중후해지고, IPA라면 쓴맛이 강조된다. 베이스에 달걀, 에스프레소가 들어 있기 때문에 부드럽고 가볍게 완성해야 마지막까지 너무 무겁지 않고 부담 없이 마실 수 있다.

# 아이스버그 커피

## Iceberg Coffee

15ml 메스칼 / 피에르데 알마스 에스파딘Pierde Armas Espadin
15ml 생제르맹St.Germain[엘더플라워 리큐어]
5ml 아가베 허니
120ml 콜드브루 커피(코스타리카 엘바스 옐로 허니)
30ml 생크림

얼음 부순 얼음
글라스 롱 텀블러
테크닉 빌딩

① 글라스에 생크림을 제외한 모든 재료를 차례대로 넣고 가볍게 스터링한다. ② 취향에 따라 크림을 넣는다.

아이스커피와 비슷한 칵테일이 없어서 생각해 본 메뉴이다. 겉보기에도 아이스커피와 거의 흡사하다. 이 칵테일의 바탕에는 차를 사용한 칵테일이 있다. 센차나 호지차를 사용할 때, 어떻게 섬세함을 유지할지 생각하면 알코올을 소량으로 억제해야 한다. 그리고 그 차의 맛에 더하거나 증폭시키는 조합을 찾는다. 조화가 원활해야만 알코올감이 억제된다.
우선 베이스의 커피 향을 맡으며 궁합을 찾는 일부터 시작해서 후보를 하나씩 확인한 뒤 다다른 것이 메스칼이다. 거기에 커피빈의 플로럴함과 잘 맞는 궁합으로 생제르맹을 추가했다. 설령 저알코올이라도 비터스 등을 더하면 밸런스가 깨지기 때문에 재료는 이 3가지만 사용한다. 맛의 볼륨, 알코올감의 억제, 콜드브루 커피의 산미에 대한 밸런스로서 아가베 허니를 추가해 완성했다. 단맛은 바닐라나 견과류라도 괜찮다. 크림은 넣으면 더욱 부드러워지고 보기에도 아이스커피다워져서 좋다. 여름에 어울린다.

'옐로 허니'란 커피의 생산 처리 방법 가운데 하나로, 수확된 커피 체리를 펄퍼[22]로 과육을 제거한 뒤 발효 공정을 거치지 않고 뮤실리지Mucilage(점액질)가 남은 상태에서 건조 공정에 들어간다. 이 방법 덕분에 뮤실리지의 단맛이 커피빈으로 이동하고, 워시드 커피로는 얻기 어려운 꿀을 연상시키는 독특한 보디와 향을 즐길 수 있다.

22 (커피 열매의) 과육 채취기, 펄프 제조기.

# 8 일본주 칵테일

## Japanese spirits & sake

최근 일본주와 일본산 증류주가 눈부신 다양성을 보여주고 있다. 일본주는 제조법은 물론 테루아와 자연 농법에도 관심이 확산되고 있고, 증류주에서는 특히 진이 극적으로 증가했다. 이 책에서는 아와모리泡盛 소주를 주목하고 있다. 소주는 일본 전역에서 쌀, 고구마, 보리 등 다양한 재료를 사용해 만들고 있다. 이만큼 폭넓은 맛을 표현하는 스피릿은 달리 없을 것이다. 곧 소주가 세계의 바 신Bar Scene에서 칵테일 베이스로 사용될지도 모른다. 이 책에서는 일부만 소개하나, 소주만으로 칵테일 북을 만들 수 있을 정도의 가능성이 있다. 일본인이 일본의 증류주를 사용해서 칵테일을 만드는 것만큼 자연스러운 일은 없다. 물론 장단점은 있으니 특징을 알아두기 바란다.

# 언타이틀

## Untitled

[No. 1]
45ml 센킨仙禽 오가닉 내추럴 되Organic Natural Deux[준마이슈[23]]
5ml 화이트 포트와인 / 그라함Graham's
3ml 살구 리큐어 / 마리엔호프Marienhof
5ml 파인 와인[24] / 오스피스 드 본 2009Hospices de Beaune Fine

[No. 2]
50ml 센킨仙禽 오가닉 내추럴 되Organic Natural Deux[일본주]
5ml 아몬틸라도Amontillado / 곤잘레스 비야스 '델 두케'Gonzalez Byass "del Duque"
5ml 콜드브루 코코넛 커피(→ p.273)
4drops 블랙 커런트 리큐어

얼음 –
글라스 칵테일글라스
테크닉 스터링

① 스트레이트 글라스에 No. 1과 No. 2 둘 다 재료를 전부 넣고 잘 섞는다. ② 얼음을 넣은 믹싱 글라스에서 스터링한 뒤 글라스에 따른다. ③ No. 2만 마지막에 블랙 커런트 리큐어를 글라스 바닥에 가라앉도록 천천히 따른다.

'일본주 칵테일'은 2001년쯤부터 종종 의뢰를 받아 만들어왔지만, 양조주라고 하기는 어려워 좀처럼 이렇다 할 방향을 찾지 못하고 있었다. 일본주 칵테일이라면, 영국의 유명 칵테일 사이트 '디포즈 가이드Difford's Guide'에 게재된 '사케티니Sake-Tini'가 있다. 구성은 진 60㎖, 준마이슈 60㎖, 드라이 베르무트 5㎖, 청사과 슬라이스가 1장 올라간다. 그 뒤에 나오는 것도 비율은 다양하나, 재료는 거의 이 3종으로 한다. 그렇지만 현재의 일본주는 향이 다채로워서 개성을 한층 더 살리는 레시피가 있다. 진보다 일본주에 초점을 맞추는 편이 좋다고 생각하고 있던 차였다. 2018년 재스민 티테일(→ p.207)을 완성하자 어렴풋이 방향이 보였다. 티테일에서는 '섬세한 차의 향기를 중심에 두고 코냑의 향기로 감싸는' 이미지였다면 이번에는 '일본주를 중심에 두고 여러 향기를 얇게 덧칠하는' 이미지다. 어디까지나 중심은 일본주의 향기다. 극소량씩 주류를 블렌딩함으로써, 일본주의 향기 특성은 살린 채로 칵테일로서의 풍미가 된다.

---

23 알코올을 첨가하지 않고 쌀·누룩·물만으로 빚은 청주.
24 품질 좋은 와인을 의미한다.

베이스는 센킨 오가닉 내추럴 되. 도치기에 있는 주식회사센킨의 야심작으로, 예로부터 내려온 제조법을 따라 완전 무첨가로 만들고 있다. 즉 쌀·쌀누룩·물만으로 만든다는 얘기다. 정미보합[25]은 90%. No. 1의 블렌딩으로는 파인애플, 잘 익은 과일 향, 오렌지 계열의 산미와 젖산 같은 산미를 느낀다. 여기에 화이트 포트와인, 살구, 파인 와인을 블렌딩하면 버터 같은 향과 풍미로 변한다. No. 2의 블렌딩으로는 프루티한 향기의 여운에 커피가 얼굴을 내밀고, 마지막에 떨어뜨린 블랙 커런트가 섞이면 풍미가 바뀌며 불꽃처럼 끝난다. 알코올 함유량 18%의 일본주인 까닭에 극소량씩 블렌딩함으로써 티테일처럼 복잡한 풍미를 만들 수 있다.
베이스에 어떤 일본주를 쓸지, 무엇을 합치고 어떤 배합으로 할 것인지에 따라 베리에이션은 무한하다. '사케티니 2.0'이라는 콘셉트도 있지만, 새로운 장르여서 '언타이틀(무제)'이라고 지었다. 나는 여기에서 일본주 칵테일의 미래를 체감하고 있다.

25 정미율. 쌀을 도정한 후에 남은 쌀알의 비율. 일반적으로 수치가 낮을수록 고급술이다.

# 원 라이프

## One Life

40ml 재스민차 인퓨즈드 닷사이 가스토리 소주(→ p.234)
10ml 밀크 워시 리쿼드(→ p.271)
30ml 우메노야도梅乃宿 아라고시あらごし 사과주
10ml 그레이프 비니거 시럽Coco Farm & Winery Verjus
1tsp. 레몬주스
50ml 탄산수
1tsp. 칼바도스 / 페르 마글루아르 12년Père Magloire
식용 꽃

얼음 록 아이스 1개
글라스 텀블러
테크닉 셰이킹

① 셰이커에 칼바도스를 제외한 재료와 얼음을 넣어 셰이킹한다. ② 파인 스트레이너로 걸러내면서 글라스에 따른다. ③ 탄산수를 붓고 가볍게 섞는다. ④ 칼바도스를 1tsp. 띄운 뒤 얼음에 식용 꽃을 장식한다.

2018년 일본 증류주 칵테일을 전문으로 하는 가게 Mixology Spirits Bang(k)을 열었다. 이 칵테일은 그 가게의 메뉴 가운데 하나다. 닷사이 가스토리 소주는 일본주를 만들 때 짜내고 남은 술지게미를 재발효시키고 증류한 것으로, 닷사이의 긴죠吟醸 향이 남아 플로럴하고 프루티하다. 꽃과 흰색 계열 과일과 궁합이 잘 맞는다. 알코올 도수도 39도라서 칵테일 베이스로 쓰기 좋다. 칵테일에는 라임 잎, 라벤더, 장미, 레몬그라스, 레몬 버베나 등 산뜻한 플로럴 계열을 부재료로 써도 좋고 인퓨징해도 좋다. 이 칵테일은 재스민, 긴죠 향, 사과, 젖산, 그레이프 비니거 등 서로 궁합이 잘 맞는 조합으로 정돈된, 산뜻한 풍미의 한 잔이다.

Key ingredients

**[재스민차 인퓨즈드 닷사이 가스토리 소주]**

8g 재스민차 찻잎
720ml(1병) 닷사이 가스토리 소주

① 닷사이 가스토리 소주에 재스민차 찻잎을 담가 상온에 24시간 둔다. ② 다음날 걸러내면서 보틀링한 뒤 냉동 보관한다.

# 캉고시나 아포가토

## Cangoxina Affogato

| | |
|---|---|
| 30ml | 오우카謳歌[고구마 소주 / 미야자키宮崎, 구로키혼텐黒木本店] |
| 10ml | 통카빈 인퓨즈드 천사의 유혹[고구마 소주 / 가고시마鹿児島, 니시주조西酒造](→ p.237) |
| 1개 | 달걀 |
| 15ml | 바닐라 시럽(→ p.266) |
| 1tsp. | 아마코우지[26] (다카기코우지쇼텐高木糀商店) |
| 30ml | 생크림 |
| 1shot | 에스프레소(스페셜티) |
| | 액체질소, 카카오닙스 |

| | |
|---|---|
| 얼음 | – |
| 글라스 | 더블월 글라스 |
| 테크닉 | 니트로 믹스 |

① 쇼트 틴에 에스프레소, 카카오닙스를 제외한 재료를 넣고 액체질소를 부은 뒤 스푼으로 섞으면서 차갑게 굳힌다. ② 아이스크림 스쿱을 사용해서 글라스에 담고, 카카오닙스를 적당량 뿌린다. ③ 갓 내린 에스프레소를 곁들여 제공한다.

고구마 소주의 에그노그를 액체질소로 차갑게 굳힌 뒤 에스프레소를 곁들여서 아포가토로 만들었다. 고구마 소주, 달걀, 바닐라는 궁합이 잘 맞는다. 셰이킹해서 에그노그를, 데워서 핫 에그노그로 만들어도 맛있지만 아이스크림 상태로 만들면 '고구마 소주 향이 나는 아이스크림'이라는 구성이 되므로 새롭다. 베이스의 고구마 소주는 고구마 향이 강해야 어울린다. 다마아카네라는 품종을 원료로 하는 '오우카'는 고구마 향이 온화해서 부드럽게 마실 수 있다. '천사의 유혹'은 나무통에서 8년 숙성시킨 고구마 소주. 플레이버의 악센트로서 통카빈을 담가 레시피에 추가했다. 통카빈은 달걀 계열에도 깔끔하게 어울린다. 다카기코우지쇼텐의

---

26 甘麹. 흰쌀죽에 쌀누룩을 섞어 당화발효시킨 것. 아마자케를 만들거나 요리에 단맛을 부여할 때 사용한다.

아마코우지는 쌀의 식감이 남아 있어서 걸쭉하고 진하다. 희석하면 아마자케[27]가 된다. 영양가가 높고 무엇보다 달걀, 유제품과 궁합이 좋다.
에스프레소는 이 칵테일에서 큰 악센트로, 에스프레소가 더해짐으로써 맛이 완성된다. 에스프레소의 역할은 '산미'와 '쓴맛'. 칵테일의 '단맛'에 맞춰 삼각관계처럼 밸런스를 잡는다. 커피빈은 탄 냄새가 나는 것만 아니면 산미가 나든 쓴맛이 진하든 어울린다. 카카오닙스의 촉감도 악센트가 되는데 씹어먹으면 카카오 맛이 확 퍼진다. 그리고 변화를 주어 베이컨 보드카로 만들면 짠맛 × 아이스크림 × 에스프레소라는 놀라운 조합이 생긴다. 이것도 추천한다.

Key ingredients

**[통카빈 인퓨즈드 천사의 유혹]**

4알 통카빈
750ml(1병) 고구마 소주 / 천사의 유혹

① 천사의 유혹에 통카빈을 담가 상온에 4일간 둔다. ② 걸러내면서 보틀링한 뒤 상온 보관한다.

27 甘酒. 멥쌀 또는 찹쌀을 죽 상태로 끓이고 쌀로 만든 누룩을 넣어 전분을 당화시켜 만든 음료 또는 술지게미에 설탕과 물을 넣고 데운 음료.

# 올드 패션드 : 소주 버전

## Old Fashioned: Sho-chu version

[Rice Old Fashioned]

45ml 쥬욘다이 오니카부토+四代鬼兜 쌀 소주
1tsp. 바닐라 시럽(→ p.266)
0.8ml 밥스 초콜릿 비터스Bob's Chocolate Bitters
오렌지 슬라이스, 블랙 올리브

[Sweet Potato Old Fashioned]

45ml 배럴 에이징 나카무라なかむら
[고구마 소주 나카무라 2ℓ를 3ℓ들이 아메리칸 오크통에서 2개월간 숙성시킨 것]
1tsp. 아가베 허니
10dashes 앙고스투라 비터스Angostura bitters
건조 오렌지 슬라이스

[Barley Old Fashioned]

45ml 쓰루노니구루마鶴の荷車[보리 소주]
7ml 꿀
1알 커피빈
2dashes 밥스 초콜릿 비터스Bob's Chocolate Bitters

[Brawn Sugar Old Fashioned]

45ml 나가구모 다이코슈長雲大古酒[흑당 소주]
1tsp. 바닐라 시럽(→ p.266)
0.8ml 밥스 초콜릿 비터스Bob's Chocolate Bitters
바닐라 꼬투리

[Awamori Old Fashioned]

45ml 세이후쿠 10년請福10年[아와모리泡盛]
3ml 콜드브루 커피 코디얼(→ p.269)
2dashes 밥스 카르다몸 비터스Bob's Cardamon Bitters
카르다몸

얼음 록 아이스
글라스 록 글라스
테크닉 스터링

보리소주 이외 버전 ① 각각 모든 재료를 시음용 글라스에 넣고 잘 섞어준 뒤 얼음이 들어 있는 믹싱 글라스에 따른다. ② 스터링한 뒤 글라스에 따른다.
보리소주 버전 ① 틴에 꿀, 커피빈을 넣고 버너로 그슬린다. ② 쓰루노니구루마를 부은 뒤 섞고서 얼음이 들어 있는 믹싱 글라스에 넣는다. ③ 비터스를 첨가해서 스터링한 뒤 글라스에 따른다.

소주를 사용한 올드 패션드 시리즈. 소주는 쌀·고구마·보리·흑당·아와모리 모두 각각 개성이 있지만, 만드는 법도 크게 달라지고 있고 숙성, 누룩 연구, 원재료, 증류법 등 여러 측면에서 새로운 접근이 시도되고 있다. 현재 소주 맛의 베리에이션은 범위가 넓다. 그리고 앞으로 10년간 극적으로 변할 것이라 예상한다. 그 개성을 세계인에게 알리는 데 칵테일은 중요한 핵심 콘텐츠가 될 것이다.

◎ 쥬욘다이 오니카부토는 오크통에서 숙성한 란비키 소주다. '란비키蘭引'란 에도 시대의 증류기로, 이 소주는 3단 도기 증류기를 가열해 증류한다. 오크통의 바닐린을 많이 함유하고 있으며 맛은 매우 순하다.

◎ 나카무라는 나카무라 주조장이 전통 그대로의 제조법으로 만드는 수제 고구마 소주다. 아메리칸 오크통에서 숙성함으로써 고구마의 단맛에 오크통의 바닐린이 더해져 새로운 밸런스가 탄생했다.

◎ 쓰루노니구루마는 15~20년간 장기 숙성된 보리 소주다. 장기 숙성을 통해 보리 향이 감칠맛으로 바뀌어 원숙미도 더해지고 있다.

◎ 나가구모 다이코슈는 가고시마의 아마미오시마에서 만들어진, 1986년에 증류한 20년 된 흑당 소주다. 맛이 놀랄 정도로 매끄럽고 섬세하다. 숙성시킨 럼과는 다른 원숙미가 있다. 바닐라와 초콜릿의 뉘앙스를 소량 더하는 것만으로도 맛있다.

◎ 세이후쿠 10년은 아와모리의 고슈[28]('쿠스'라고도 부른다)다. 누룩의 개성이 옅어져서 이것이 아와모리가 맞나 싶을 정도로 마시기도 쉽고 부드럽다. 오크통 숙성에서 유래한 향과 커피가 잘 매치된다. 커피와 궁합이 잘 맞는 카르다몸을 악센트로 첨가한다.

일본의 소주는 원재료의 맛이 굉장히 전면으로 나온다. 아직은 규제 때문에 오크통 숙성 등 장기 숙성 상품을 판매할 수 없지만, 앞으로 세계 속으로 퍼져나갈 가능성이 있다. 부디 브랜드별로 올드 패션드를 테스트해보기 바란다.

---

28 古酒. 3년 이상 숙성시킨 술.

## 9 나이트로젠 칵테일

### Liquid nitrogen cocktail

액체질소로 만드는 프로즌 칵테일을 리퀴드 나이트로젠 칵테일 = 니트로 칵테일이라고 총칭한다. 나는 액체질소를 사용하면서부터 예전에 써왔던 방법으로는 프로즌 칵테일을 거의 만들지 않는다. 입에서 녹는 느낌, 풍미에 관한 점에서 액체질소가 아니면 만들 수 없는 것이 있다. 그러나 반드시 주의해야 할 점이 있다. 액체질소를 다루는 법, '얼음을 사용하지 않는다 = 가수加水가 없다'라는 것으로 인해 알코올이 강하게 느껴진다는 점이다. 자세한 내용은 제3장을 참조하기 바란다. 액체질소를 사용하면 니트로 모히토 같은 클래식 칵테일의 베리에이션부터 아이스 디저트의 칵테일화까지 손쉽게 할 수 있다. 니트로 칵테일의 발상은 디저트를 만든다는 시점에서 봐주었으면 한다.

# 노르망디 아이스

## Normandie Ice

30ml 쿠탕스 보드카(→ p.254)
30ml 생크림
30ml 우유
15ml 소테른Sauternes[스위트 화이트와인]
20ml 꿀
10g 사과 슬라이스
액체질소, 소금(플뢰르 드 셀)

얼음 –
글라스 앤티크 구리 컵 또는 더블월 글라스
가니시 사과 칩
테크닉 나이트로젠 블렌딩

① 사과를 아주 작게 깍둑썰기한다. ② 틴에 모든 재료를 넣고 액체질소를 따른 뒤 스푼으로 뒤섞으면서 차갑게 굳힌다. ③ 글라스에 보기 좋게 담은 뒤 소금을 살짝 뿌리고 사과 칩을 올린다.

카망베르와 궁합이 잘 맞는 사과를 조합한 아이스크림 칵테일. 처음에는 카망베르의 스피릿에 사과주스로 섞었는데, 카망베르가 생각만큼 두드러지지 않고 향이 묻혀서 밸런스를 잡기 어려웠다. '카망베르가 주체인 맛있는 아이스크림'을 만들려고 방법을 찾다가 사과를 '면面'으로 섞지 않고 '점点'으로 섞는 것을 고안했다. 액체질소에 과일의 과육을 적당히 굳히면 냉동 귤처럼 아삭한 식감이 된다. 그런 이미지로 사과를 깍둑썰어서 액체질소로 차갑게 굳혔다. 이렇게 하니 카망베르의 셔벗 칵테일에 사과의 맛과 식감 모두가 악센트가 되었다. 그리고 마지막에 뿌린 소금이 입에 들어온 순간, 치즈 향이 또렷해진다. 소금은 어디까지나 소금이지만, 단맛을 돋보이게 하고 치즈의 짠맛에 호응해 증강시키는 효과도 있다.

# 가스트로 펌프킨 컵

## Gastro Pumpkin Cup

30ml 푸아그라 보드카(→ p.254)
15ml 통카빈 럼(→ p.260)
4tsp. 홈 메이드 호박 퓌레(→ p.244)
20ml 생크림
15ml 피스타치오 시럽(→ p.268)
액체질소, 카카오닙스

얼음 –
컵 타조 알, 앤티크 컵
테크닉 나이트로젠 블렌딩

① 틴에 카카오닙스를 제외한 재료를 넣고 액체질소를 부은 뒤 스푼으로 섞으면서 차갑게 굳힌다.
② 컵에 담고 카카오닙스를 뿌린다.

이 칵테일은 호박이 맛있는 시기에만 만든다. 이미지의 베이스는 호박 아이스크림. 레시피를 상정한 뒤 호박·달걀·우유·설탕을 재배열하는 등 풍미를 부풀려갔다. 먼저 푸아그라와 호박이라는 드링크로서 의외인 조합을 베이스로 했다. 푸아그라의 견과류 풍미에도 호박에도 어울린다. 거기에 아마레토 같은 향기가 나는 통가빈을 담가두었던 론 자카파 럼을 더했다. 생크림을 더하고 단맛의 악센트에 피스타치오 시럽으로 맛을 다듬었다. 이미 3가지 플레이버가 있어 그 이상의 복잡함은 필요 없었다. 이후에는 밸런스를 맞추기 위해 비율을 조정한다. 평범하게 셰이킹해도 깔끔한 맛이 나면서 복층적인 감칠맛이 있는 호박 마티니로 완성된다. 카카오닙스는 촉감과 맛의 악센트다. 이 칵테일은 초콜릿이 잘 어울린다. 비스킷 등을 곁들여도 좋다.

Key ingredients

**[홈 메이드 호박 퓌레]**
100g 호박

① 호박은 씨·섬유질·껍질을 제거한 뒤 1.5㎝ 크기로 자른다. 내열 용기에 넣고 물 1~3큰술, 소금 한 꼬집을 더해서 섞어둔다. 랩을 씌우고 600w의 전자레인지로 5분간 가열한다. ② 매셔로 으깨서 원하는 만큼 부드럽게 만든다. 용기에 넣어 냉장 보관하거나 진공 팩에 소분해서 냉동 보관한다.

# 니트로 모히토

## Nitro Mojito

30ml 럼 / 바카디 슈페리어Bacardi Superior
15ml 라임주스
20ml 자몽주스
2tsp. 혼합 설탕
15장 민트 잎
탄산수, 액체질소

얼음 –
글라스 파인애플 컵, 텀블러
가니시 파인애플(제철 과일)
테크닉 니트로 믹스

① 틴에 민트 잎을 넣고 뒤집어쓸 정도까지 액체질소를 부은 뒤 머들러로 으깨서 분말 상태로 만든다. ② 다른 틴에 럼, 라임주스, 자몽주스, 혼합 설탕을 넣고 설탕을 충분히 녹인다. ③ 냉동 분말 민트를 ②에 넣고 액체질소를 적당량 부은 뒤 스푼으로 섞어서 차갑게 굳힌다. ④ 적당히 굳으면 파인애플 컵에 담고 민트를 장식한다. ⑤ 탄산수를 텀블러에 따르고 과일을 곁들인다.

액체질소를 사용한 '먹는 모히토'. 액체질소로 바삭하게 동결시킨 민트를 머들러로 분말 상태가 되도록 빻기 때문에, 민트의 플레이버는 일반 모히토보다 훨씬 강하다. 이 셔벗 상태의 '강한 민트 모히토'를 한입 먹고 탄산수를 마시면 입속에서 '모히토'가 완성된다. 그다음 과일과 함께 먹고 탄산수를 입에 머금으면 '과일 모히토'가 된다. 탄산수를 스푸만테, 샴페인, 플레이버 탄산수로 바꾸거나, 곁들이는 과일을 바꾸거나 또는 민트를 바질로 바꾸는 등 다양하게 변화할 수 있다.

액체질소를 사용해서 칵테일을 셔벗 상태로 만들 때 주의할 점이 있다. 레시피대로 차갑게 굳히면 알코올감이 매우 강하게 느껴진다. 칵테일은 얼음과 함께 셰이킹하거나 스터링해서 완성하는데, 액체질소로는 차갑게 해서 동결시킬 수 있으나 수분은 더하지 않는다. 따라서 블렌딩으로 마시기 쉬운 상태, 즉 셰이킹 후의 상태나 크러시드 아이스로 얼린 상태의 맛을 이미지화해서 만들 필요가 있다. 여기서는 자몽주스로 묽게 했지만, 신선한 코코넛 워터나 케인주스Cane Juice(사탕수수주스)가 있으면 더욱 잘 어울린다.

# 제 5 장

# 믹솔로지를 구성하는 홈 메이드 재료 레시피

# 1. 에바포레이터 스피릿

- '스피릿 + 향기를 더하고 싶은 재료'를 에바포레이터에 넣어 증류한다. 증류해서 얻은 액체에 동일한 양의 물을 넣고 알코올 도수를 원래대로 되돌린 뒤 보틀링한다.
- 다음 레시피는 로터리(회전식) 에바포레이터 사용을 전제로 한다. 내가 사용 중인 머신은 돌비[1] 방지 센서가 달려 있어서 처음부터 기압을 30mbar로 설정했으나, 수동으로 돌비 현상을 컨트롤하려면 (액체 온도가 상온으로서) '150mbar'로 초기 설정한 후 갑자기 끓어오르지 않는지 확인하면서 서서히 기압을 낮추고, 끓는 물의 거품이 커진 단계에서 '30mbar'로 설정한다.

## 와사비 보드카 / 와사비 진

와사비 … 150g
보드카 / 시락Cîroc … 700㎖
미네랄워터 … 150㎖

1 와사비 껍질을 얇게 깎아 강판에 간 뒤 보드카에 넣는다.
2 곧바로 에바포레이터의 플라스크에 넣어 증류한다. 기압은 30mbar, 워터 배스[2]는 40℃, 회전수는 180~240rpm, 냉각수는 −5℃로 설정한다.
3 500㎖를 추출한 후 꺼내고, 물을 150㎖ 더 넣어 보틀링한다.

와사비는 신선도가 중요하다. 강판에 간 뒤 바로 증류한다. 가열에 의해서도 향 성분이 데미지를 받기 때문에 회전수를 늘려서 빠르게 증류를 완료한다. 이 레시피는 상당히 '맵다'. 매운맛은 와사비의 분량을 조절해 줄이면 된다. 보드카는 여러 종류를 테스트해보았지만 시락(포도로 만든 보드카)이 궁합이 잘 맞았다. 와사비와 포도의 어떤 성분이 맞는지는 아직도 잘 모르겠다. 레시피의 '보드카'를 '진'으로 바꿔서 와사비 진을 만들 수도 있다.

## 홀스래디시 보드카

홀스래디시 … 40g
셀러리악 … 20g
보드카 / 그레이 구스Grey Goose … 700㎖
미네랄워터 … 150㎖

1 突沸. 액체가 갑자기 폭발하듯이 격렬하게 끓어오름. 이를 방지하기 위해 비등석 따위를 넣는다.
2 가열하거나 증발시키려고 하는 물질이 담긴 용기를 넣을 수 있는 용기. 항온 수조라고도 한다.

1 홀스래디시와 셀러리악의 껍질을 벗기고 강판에 갈아서 보드카와 섞는다. 플라스크에 넣어 증류한다. 기압은 30mbar, 워터 배스는 40℃, 회전수는 150~200rpm, 냉각수는 −5℃로 설정한다.
2 500㎖를 추출한 후 꺼내고, 물을 150㎖ 더 넣어 보틀링한다.

홀스래디시는 산지에 따라 맛이 상당히 다르기 때문에 기호에 맞는 산지를 고른다. 일본산 고추냉이는 홀스래디시와 같은 종이지만 흙이 꽤 많이 묻은 타입도 있다. 셀러리악은 셀러리와 맛은 비슷하지만 가열하면 순한 향이 나고 홀스래디시와 궁합이 좋기 때문에 섞어서 사용한다.

## 머위꽃 진

머위꽃 … 36~40g(6~8개)
진 / 봄베이 사파이어Bombay Saphire Gin … 750㎖
미네랄워터 … 150㎖

1 머위꽃을 디하이드레이터로 52℃, 6~10시간 건조한다. 너무 많이 건조하면 풍미가 거의 날아가므로 건조 도중에 여러 차례 상태를 확인한다. 손가락으로 눌러서 약간 부드러워지고, 표면이 건조돼서 조금 변색된 정도가 적당하다. 약 50%의 건조 상태를 목표로 한다. 진과 함께 유리병에 넣고 핸드블렌더로 휘젓는다.
2 에바포레이터의 플라스크에 넣어 증류한다. 기압은 30mbar, 워터 배스는 40℃, 회전수는 120~180rpm, 냉각수는 −5℃로 설정한다.
3 500㎖를 추출한 후 꺼내고, 물을 150㎖ 더 넣어 보틀링한다. 잔류액은 향이 거의 남아 있지 않으므로 파기한다.

## 바질 진

가지가 달린 바질 … 25g
진 / 봄베이 사파이어Bombay Saphire Gin … 750㎖
미네랄워터 … 150㎖

1 바질 껍질을 제거한 뒤 잎을 진과 함께 유리병에 넣고 핸드블렌더로 휘젓는다.
2 곧바로 에바포레이터의 플라스크에 넣어 증류한다. 단, 섞은 뒤 10분 이상 상온에 방치하면 산화되어 변색되고 아린 맛이 나니 주의한다. 기압은 30mbar, 워터 배스는 40℃, 회전수는 150~240rpm, 냉각수는 −5℃로 설정한다.
3 500㎖를 추출한 후 꺼내고, 물을 150㎖ 더 넣어 보틀링한다. 잔류액은 향이 거의 남아 있지 않으므로 파기하고 상온 보관한다.

가열 시간이 짧아야 하는 바질은 회전수를 높인다. 종류에 따라 향이 다른 바질은 되도록 향이 진하고 신선한 것을 고른다. 조금이라도 검게 변색됐다면 쓰지 않는다. 담가서 인퓨징할 때는 바질 잎 15g을 스피릿에 담가두었다가 냉동고에 넣는다. 3~4일 뒤 맛을 보고 바질을 꺼낸다. 그대로 냉동 보관한다.

## 히노키 진 / 히노키 보드카

히노키(톱밥) … 15g
진 / 봄베이 사파이어Bombay Saphire Gin … 750mℓ
또는 보드카 / 그레이 구스Grey Goose … 700mℓ
미네랄워터 … 150mℓ

1 에바포레이터의 플라스크에 히노키, 진 또는 보드카를 넣어 증류한다. 기압은 30mbar, 워터 배스는 40℃, 회전수는 150~240rpm, 냉각수는 −5℃로 설정한다.
2 500mℓ를 추출한 후 꺼내고, 물을 150mℓ 더 넣어 보틀링한다.

추출이 빠른 히노키는 회전수도 빨라야 좋다. 히노키는 신선도가 있는데 금방 깎은 것이 향이 가장 강하다. 신선한 히노키는 10g만으로도 향을 충분히 추출할 수 있다.

## 샌들우드 진

샌들우드(백단) … 10g
진 / 봄베이 사파이어Bombay Saphire Gin … 750mℓ
미네랄워터 … 150mℓ

1 플라스크에 샌들우드와 보드카를 넣어 증류한다. 기압은 30mbar, 워터 배스는 45℃, 회전수는 80~120rpm, 냉각수는 −5℃로 설정한다.
2 500mℓ를 추출한 후 꺼내고, 물을 150mℓ 더 넣어 보틀링한다. 잔류액은 파기한다.

샌들우드는 '백단'이라 불리는 향나무다. 가격이 꽤 비싸서 많은 양은 쓸 수 없지만, 향이 워낙 강해 10g만으로도 충분하다. 칩 상태이니 그대로 사용한다.

## 오렌지 & 딜 진

건조 오렌지 필 … 1개분
딜 … 10g
진 / 봄베이 사파이어Bombay Saphire Gin … 750mℓ
미네랄워터 … 150mℓ

1 유리병에 모든 재료를 넣고 핸드블렌더로 휘저은 뒤 플라스크에 넣어 증류한다. 기압 30mbar, 워터 배스는 40℃, 회전수는 100~150rpm, 냉각수는 −5℃로 설정한다.
2 500㎖를 추출한 후 꺼내고, 물을 150㎖ 더 넣어 보틀링한다.

포인트는 오렌지 필. 나선으로 벗겨낸 것을 사용하는데, 껍질의 하얀 부분이 제대로 붙어 있어야 한다. 보통 이 부분은 쓴맛이 강해서 제거하는데 여기서는 그 쓴 부분이 필요하다. 잘 만들면 오렌지의 신선한 향, 오렌지의 쓴맛이 이어지다가 맛이 바뀌면서 딜 향이 입속에 퍼진다. 진토닉으로 만들면 오렌지의 쓴맛이 토닉의 단맛을 억제해 밸런스가 잘 맞다. 재료의 품질 차이가 있어서 매번 미묘하게 양을 조절할 필요가 있지만, 이 맛의 변화는 기성 제품으로 만들 수 없는 것이다.

## 검은깨 보드카

검은깨 … 150g
보드카 / 그레이 구스Grey Goose … 700㎖
미네랄워터 … 150㎖

1 프라이팬에 검은깨를 넣고 약한 불에서 가볍게 볶는다. 보드카와 합치고 핸드블렌더로 휘저은 뒤 플라스크로 옮겨서 증류한다. 기압은 30mbar, 워터 배스는 40℃, 회전수는 100~150rpm, 냉각수는 −5℃로 설정한다.
2 500㎖를 추출한 후 꺼내고, 물을 150㎖ 더 넣어 보틀링한다. 잔류액은 파기한다.

## 머스터드 시드 & 로즈마리 보드카

블랙 머스터드 시드 … 50g
보드카 / 그레이 구스Grey Goose … 700㎖
로즈마리(옵션) … 3개
미네랄워터 … 150㎖

1 프라이팬에 블랙 머스터드 시드를 넣고 약한 불에서 가볍게 볶는다. 위로 탁탁 튀어 오를 수 있으니 주의한다. 향기가 나면 불을 끄고, 막자사발에 분쇄한 다음 보드카와 섞는다.
2 플라스크로 옮겨서 로즈마리를 넣고 증류한다. 기압은 30mbar, 워터 배스는 40℃, 회전수는 150~220rpm, 냉각수는 −5℃로 설정한다.
3 500㎖를 추출한 후 꺼내고, 물을 150㎖ 더 넣어 보틀링한다. 잔류액은 파기한다.

머스터드 시드는 무미무취이나 불에 가열하거나 분쇄하면 매운 향과 맛이 난다. 로즈마리는 취향에 따라 추가하는데, 같이 증류하지 않고 칵테일로 만들 때 따로 넣는 것을 추천한다.

## 푸아그라 보드카

푸아그라 … 135g
보드카 / 그레이 구스Grey Goose … 700㎖
미네랄워터 … 150㎖

1 푸아그라와 보드카를 섞고 핸드블렌더로 휘젓는다.
2 플라스크에 넣어 증류한다. 기압은 30mbar, 워터 배스는 40℃, 회전수는 50~150rpm, 냉각수는 −5℃로 설정한다. 처음에는 기압 150mbar에서 시작한다. 지방분이 많아 시작하자마자 미세한 거품이 끓어오르는데, 이것이 커져서 튀어 오르려고 하면 단번에 30mbar로 낮춘다. 회전수는 서서히 올린다.
3 500㎖를 추출한 후 꺼내고, 물을 150㎖ 더 넣어 보틀링한 뒤 상온 보관한다.

## 로크포르 코냑 / 로크포르 럼

로크포르 치즈 … 350g
코냑 / 헤네시Hennessy VS … 700㎖
또는 럼 / 바카디 슈페리어Bacardi superior … 750㎖
미네랄워터 … 150㎖

1 로크포르 치즈를 전자레인지 또는 프라이팬에 가열해서 녹인다. 코냑 또는 럼과 섞어서 유리병에 넣고 핸드블렌더로 휘젓는다.
2 플라스크에 넣어 증류한다. 기압은 30mbar, 워터 배스는 40℃, 회전수는 50~150rpm, 냉각수는 −5℃로 설정한다. 처음에는 기압 150mbar부터 시작한다. 지방분이 많아 시작하자마자 미세한 거품이 끓어오르는데, 이것이 커져서 튀어 오르려고 하면 단번에 30mbar로 낮춘다. 회전수는 서서히 올린다.
3 500㎖를 추출한 후 꺼내고, 물을 150㎖ 더 넣어 보틀링한 뒤 상온 보관한다. 잔류액에는 짠맛이 제대로 남아 있으니 걸러낸 뒤 동량의 설탕을 첨가해서 시럽으로 또는 아이스크림 재료로 활용해 블루치즈 아이스크림을 만든다.

## 쿠탕스 보드카

쿠탕스 치즈 … 400g
보드카 / 그레이 구스Grey Goose … 700㎖
미네랄워터 … 150㎖

1. 쿠탕스 치즈(프랑스 노르망디산 흰곰팡이 치즈)를 전자레인지 또는 프라이팬에 가열해서 녹인다. 보드카와 섞어서 유리병에 넣고 핸드블렌더로 휘젓는다.

2 플라스크에 넣어 증류한다. 기압은 30mbar, 워터 배스는 40℃, 회전수는 50~150rpm, 냉각수는 −5℃로 설정한다. 처음에는 기압 150mbar부터 시작한다. 지방분이 많아 시작하자마자 미세한 거품이 끓어오르는데, 이것이 커져서 튀어 오르려고 하면 단번에 30mbar로 낮춘다. 회전수는 서서히 올린다.
3 500㎖를 추출한 후 꺼내고, 물을 150㎖ 더 넣어 보틀링한 뒤 상온 보관한다. 잔류액으로 블루치즈(→ p.254)처럼 시럽이나 아이스크림을 만든다.

카망베르, 브리치즈 등 여러 가지 흰곰팡이 타입의 치즈를 테스트해봤는데, 쿠탕스가 구하기도 쉽고 맛이 안정적이어서 주로 사용하고 있다. 다른 치즈를 쓰기도 한다. 단, 어느 치즈든 숙성해야 감칠맛이 나오니 숙성한 뒤 사용한다.

## 올리브 진

씨를 제거한 그린 올리브 … 174g
진 / 봄베이 사파이어Bombay Saphire Gin … 750㎖
미네랄워터 … 150㎖

1 그린 올리브를 담근 물을 버리고 유리병에 진과 함께 넣은 뒤 핸드블렌더로 휘젓는다.
2 에바포레이터의 플라스크에 넣어 증류한다. 기압은 30mbar, 워터 배스는 40℃, 회전수는 150~240rpm, 냉각수는 −5℃로 설정한다. 500㎖를 추출한 후 꺼내고, 물을 150㎖ 더 넣어 보틀링한다.

몇 종의 올리브를 시도했지만, 짠맛이 다소 강하고, 맛이 강한 타입이 좋다. 먹어보고 맛있는 올리브로 만들어도 향이 약해서인지 맛이 나지 않았다. 그래도 넣는 양을 늘리면 맛이 나긴 한다. 잔류액은 올리브의 짠맛이 남아 있지만, 맛이 약하고 색도 탁해서 크게 쓸모는 없다.

## 그릴드 아스파라거스 보드카

그린 아스파라거스 … 6개
보드카 / 그레이 구스Grey Goose … 700㎖
미네랄워터 … 150㎖

1 되도록 굵고 신선한 그린 아스파라거스를 고른다. 크기에 따라 개수는 조정 가능하다. 준비한 그린 아스파라거스를 그릴팬에 올리고 표면에 가볍게 눌어붙은 자국이 생길 정도로만 굽는다. 적당히 잘라서 보드카와 함께 유리병에 넣고 핸드블렌더로 휘젓는다.
2 플라스크에 넣어 증류한다. 기압은 30mbar, 워터 배스는 40℃, 회전수는 80~150rpm, 냉각수는 −5℃로 설정한다. 500㎖를 추출한 후 꺼내고, 물을 150㎖ 더 넣어 보틀링한다. 상온 보관한다.

## 똠얌 보드카

똠얌 페이스트(3 Chef's) … 227g
보드카 / 그레이 구스Grey Goose … 700㎖
미네랄워터 … 150㎖

1 유리병에 똠얌 페이스트와 보드카를 넣고 휘저은 뒤 플라스크에서 증류한다. 기압은 30mbar, 워터 배스는 40℃, 회전수는 120~180rpm, 냉각수는 −5℃로 설정한다.
2 500㎖를 추출한 후 꺼내고, 물을 150㎖ 더 넣어 보틀링한다.

잔류액에서 짠맛, 향신료를 꽤 느낄 수 있다. 걸러내서 냄비에 담고 녹말가루를 소량 넣어서 걸쭉해지면 유산지에 펼쳐 디하이드레이터에서 57℃로 건조한다. 굳으면 믹서로 분쇄해서 분말로 만들어 뿌려도 되고, 적당히 쪼개서 데커레이션용으로 쓴다.

## 화이트 트러플 보드카

화이트 트러플 꿀Miele di Acacia al Tartufo … 120g
보드카 / 그레이 구스Grey Goose … 700㎖
미네랄워터 … 150㎖

1 유리병에 재료를 넣고 핸드블렌더로 휘저은 뒤 플라스크에서 증류한다. 기압은 30mbar, 워터 배스는 40℃, 회전수는 120~180rpm, 냉각수는 −5℃로 설정한다.
2 500㎖를 추출한 후 꺼내고, 물을 150㎖ 더 넣어 보틀링한 뒤 상온 보관한다. 잔류액은 걸러낸 뒤 동량의 설탕을 넣어서 화이트 트러플 시럽(냉동 보관)으로 만든다.

## 우마미 보드카

다시 분말(가야노야茅乃舎 기와미다시極み出汁) … 2팩
보드카 / 그레이 구스Grey Goose … 700㎖
미네랄워터 … 150㎖

1 에바포레이터의 플라스크에 보드카와 다시 분말을 넣어 증류한다. 기압은 30mbar, 워터 배스는 40℃, 회전수는 150~240rpm, 냉각수는 −5℃로 설정한다.
2 500㎖를 추출한 후 꺼내고, 물을 150㎖ 더 넣어 보틀링한다.

향이 즉시 나오는 다시 분말은 회전수를 높게 설정한다. 잔류액에는 풍부한 짠맛과 함께 감칠맛도 약간 남아 있으니 걸러낸 뒤 동량의 설탕을 넣어 시럽으로 만든다.

## 송이버섯 보드카

송이버섯 … 100g 전후(약 2개)
보드카 / 그레이 구스Grey Goose … 700㎖
미네랄워터 … 150㎖

1 송이버섯은 씻지 않은 상태에서 솔로 흙만 털고 썬 뒤 살짝 굽는다. 타지 않도록 주의하면서 굽다가 열기에서 향이 나면 유리병에 보드카와 함께 넣고 휘젓는다.
2 플라스크에 넣어서 증류한다. 기압은 30mbar, 워터 배스는 40℃, 회전수는 80~120rpm, 냉각수는 −5℃로 설정한다.
3 500㎖를 추출한 후 꺼내고, 물을 150㎖ 더 넣어 보틀링한다.

향이 서서히 나오는 송이버섯은 회전수도 느리게 설정한다. 잔류액은 향이 거의 남아 있지 않으므로 파기한다. 송이버섯은 되도록 신선한 것을 쓴다. 일본산 송이버섯이 비쌀 때는 수입 냉동 송이버섯을 쓰기도 하는데, 아무래도 향이 확연히 떨어진다. 포르치니버섯과 표고버섯은 건조한 것이 향이 더 진하다. 건조한 포르치니와 스피릿을 함께 진공포장하고 50℃에서 30분간 가열한 뒤 플라스크로 옮겨 증류한다. 신선한 송이버섯을 스피릿에 담가서 향을 추출하면 산화되고 상태가 나빠지므로 건조한 것을 쓴다. 단, 맛은 떨어진다.

## 수프 에센스 보드카

웨이파味覇(중화요리 만능 조미료) … 150g
보드카 / 그레이 구스Grey Goose … 700㎖
미네랄워터 … 150㎖

1 유리병에 재료를 넣고 핸드블렌더로 휘저은 다음 플라스크에서 증류한다. 기압은 30mbar, 워터 배스는 40℃, 회전수는 150~220rpm, 냉각수는 −5℃로 설정한다.
2 500㎖를 추출한 후 꺼내고, 물을 150㎖ 더 넣어 보틀링한다. 잔류액은 걸러내서 설탕을 첨가하면 시럽이 된다. 상온 보관한다.

## 나라즈케 보드카

나라즈케(미야코니시키都錦 미린즈케味醂漬 오이 / 다나카쵸田中長) … 90g
보드카 / 그레이 구스Grey Goose … 700㎖
미네랄워터 … 150㎖

1 나라즈케를 적당히 자른 뒤 유리병에 보드카와 함께 넣고 핸드블렌더로 휘젓는다. 그다음 플라스크에 넣어 증류한다. 기압은 30mbar, 워터 배스는 40℃, 회전수는 100~150rpm,

냉각수는 −5℃로 설정한다.
2 500㎖를 추출한 후 꺼내고, 물을 150㎖ 더 넣어 보틀링한다. 상온 보관한다.

잔류액은 걸러내고 설탕을 첨가하면 시럽이 된다. 나라즈케는 여러 가지가 있지만, 다나카쵸의 오이 제품이 맛도 향도 좋다.

## 메밀차 보드카

메밀차 … 50g
보드카 / 그레이 구스Grey Goose … 700㎖
미네랄워터 … 150㎖

1 플라스크에 메밀차와 보드카를 넣어 증류한다. 기압은 30mbar, 워터 배스는 45℃, 회전수는 150~220rpm, 냉각수는 −5℃로 설정한다.
2 500㎖를 추출한 후 꺼내고, 물을 150㎖ 더 넣어 보틀링한다.

추출이 빠른 메밀차는 온도는 높이고 회전을 빠르게 해서 원심력으로 휘젓는 이미지로 증류한다. 풍미가 날아간 잔류액은 파기한다.

## 현미차 보드카

현미차 … 50g
보드카 / 그레이 구스Grey Goose … 700㎖
미네랄워터 … 150㎖

1 플라스크에 현미차와 보드카를 넣어 증류한다. 기압은 30mbar, 워터 배스는 45℃, 회전수는 150~220rpm, 냉각수는 −5℃로 설정한다.
2 500㎖를 추출한 후 꺼내고, 물을 150㎖ 더 넣어 보틀링한다.

## 리산차 보드카

리산차 … 25g
보드카 / 그레이 구스Grey Goose … 700㎖
미네랄워터 … 150㎖

1 진공 팩에 리산차와 보드카를 함께 넣고 60℃에서 30분간 가열한다. 플라스크에 찻잎을 그대로 옮겨 넣고 증류한다. 기압은 30mbar(시작은 250mbar), 워터 배스는 40℃, 회전수는 50~120rpm, 냉각수는 −5℃로 설정한다.

2 500㎖를 추출한 후 꺼내고, 물을 150㎖ 더 넣어 보틀링한다.

리산차를 열리게 하려면 고온이 필요하다. 찻잎을 상온의 보드카와 함께 증류하면 알코올이 증기가 되는 단계로 향이 아직 나지 않는다. 증류 단계에서 찻잎이 제대로 열리도록 미리 60℃에서 진공 가열한다. 찻잎이 큰 리산차는 액체에 최대한 많이 접촉하게 저회전으로 진행한다. 진공 가열하고 난 뒤의 증류이므로, 기압은 250mbar부터 시작한다. 60℃ 정도의 액체를 증류할 때 갑자기 확 끓어오르기 때문에 센서로도 막지 못할 수 있다. 상태가 진정될 때까지는 주의가 필요하다.

## 교쿠로 보드카 / 기와미교쿠로 보드카

교쿠로 찻잎 … 50g
또는 전통 혼교쿠로本玉露 찻잎(사에미도리, 고코 추천) … 50g
보드카 / 그레이 구스Grey Goose … 700㎖
미네랄워터 … 150㎖

1 플라스크에 찻잎과 보드카를 넣어 증류한다. 기압은 30mbar, 워터 배스는 40℃, 회전수는 50~120rpm, 냉각수는 −5℃로 설정한다.
2 500㎖를 추출한 후 꺼내고, 물을 150㎖ 더 넣어 보틀링한다. 상온 보관한다.

## 캄파리 워터 / 클라리파이드 캄파리

캄파리Campari … 1,000㎖
미네랄워터 … 150㎖

1 플라스크에 캄파리를 넣어 증류한다. 기압은 30mbar, 워터 배스는 40℃, 회전수는 200~240rpm, 냉각수는 −5℃로 설정한다.
2 700㎖를 추출한 후 꺼내고, 물을 150㎖ 더 넣어 보틀링한다.

레시피대로 만들면 클라리파이드 캄파리가 된다. 건조한 오렌지 2장을 6시간 담가서 무알코올 캄파리 워터로 사용한다. 복잡하게 재료를 모아서 무알코올 캄파리를 만드는 것보다 훨씬 쉽다. 잔류액에는 캄파리 속의 무거운 성분이 남아 있다. 똑같은 방법으로 생제르맹(엘더플라워 리큐어), 수즈, 그랑 클라시코, 아마레토로도 플레이버 워터와 클리어 리큐어 스피릿을 만들 수 있다. 플레이버 워터는 설탕을 첨가해 시럽으로도 만들 수 있다.

## 2. 인퓨전

- 재료를 스피릿에 담가서 성분을 추출한다.
- 시간을 단축해 추출한다면 진공 가열하는 방법을 택한다.

### 카카오닙스 캄파리

질 좋은 카카오닙스 … 4g
캄파리Campari … 500㎖

1 캄파리에 카카오닙스를 담가서 5일간 둔다.
2 맛과 향이 충분히 나오면 카카오닙스를 빼낸다.

급히 만들 때는 냉장 보관한 캄파리와 카카오닙스를 전용 필름에 넣어 90%로 진공포장한 뒤 60℃에서 2시간 가열한다. 그다음 얼음물로 급랭한 뒤 걸러내고 보틀링한다. 카카오닙스는 산미가 스며 나온 다음 쓴맛이 나와서 밸런스가 잡혀간다. 추출은 느린 편이므로 진공 가열하려면 온도는 높이고 시간은 약간 길게 설정한다. 카카오닙스 자체를 늘리는 것도 좋지만 언급한 양으로 먼저 테스트해보고 취향에 따라 증감한다. 산미를 고려해서 베이스의 스피릿은 쓴맛 또는 단맛이 있어야 좋다. 포트와인, 듀보네Dubonnet, 아이스 와인을 추천한다.

### 통카빈 럼

통카빈 … 4알
럼 / 론 자카파 23Ron Zacapa … 750㎖

1 럼에 통카빈을 담가서 4일간 상온에 둔다.
2 맛과 향기가 충분히 나오면 통카빈을 꺼내서 자연 건조하고 한 번 더 쓸 수 있게 따로 보관한다. 상온 보관이 가능하다.

급히 만든다면 냉장 보관한 럼 750㎖와 통카빈 4알을 전용 필름에 넣어 90%로 진공포장한 뒤 55℃에서 1시간 가열한다. 그다음 얼음물로 급랭한 뒤 통카빈을 꺼내고 보틀링한다. 통카빈은 건조해서 따로 보관한다.

### 피스타치오 보드카

피스타치오 페이스트(Babbi) … 200g

보드카 / 그레이 구스Grey Goose … 700㎖

피스타치오 페이스트와 보드카를 핸드블렌더로 휘저어 보틀링하고 냉장 보관한다. 사용할 때는 거르지 않은 채로 보틀을 잘 흔들어 섞는다.

## 블랙페퍼 보드카 / 블랙페퍼 버번

블랙페퍼 … 4tsp.
보드카 / 그레이 구스Grey Goose … 700㎖
또는 버번 / 버펄로 트레이스Buffalo Trace … 700㎖

블랙페퍼를 보드카 또는 버번과 함께 진공도 90%로 진공포장한 뒤 70℃에서 1시간 가열한다. 내용물을 걸러내면서 보틀링한 뒤 상온 보관한다.

## 카피르 라임 잎 보드카 / 카피르 라임 잎 가스토리 소주

큰 카피르 라임 잎 … 3장(작은 잎 7장)
보드카 / 그레이 구스Grey Goose … 700㎖
또는 닷사이 가스토리 소주 … 720㎖

보드카 또는 닷사이 가스토리 소주에 카피르 라임 잎을 담그고 3일간 상온에 둔다. 향이 충분히 나온 것 같다면 카피르 라임 잎을 꺼내고 냉장 또는 냉동 보관한다.

## 스모크 베이컨 보드카

스모크 베이컨 … 300g
보드카 / 그레이 구스Grey Goose … 700㎖

1 훈제한 베이컨을 약 1㎝ 두께로 썰고 표면에 기름이 뜰 때까지 프라이팬에서 굽는다. 불을 끄고 잔열이 식으면 보드카를 따르고, 프라이팬에 눌어붙은 것들을 스패출러로 긁어낸 뒤 액체에 고루 섞는다.
2 용기로 옮겨서 2일간 냉장하고 3일째에 냉동실에 넣는다. 4일째에 커피 필터로 거르고 기름을 제거한 뒤 보틀링한다. 냉장 보관한다.

## 밀크 워시 홉 진

펠릿 홉Pellet Hops(캐스케이드) … 6.5g
진 / 봄베이 사파이어Bombay Saphire Gin … 750㎖

우유 … 150㎖
레몬주스 … 10㎖

1 홉과 진을 진공포장하고 60℃에서 1시간 가열한 뒤 꺼낸다. 유리병에 넣고 상온이 될 때까지 식힌다.
2 우유, 5㎖씩 2번에 걸쳐 레몬주스를 넣고 가볍게 뒤섞어서 커드로 굳힌다. 어느 정도 굳으면 거름망(시누아Chinois)으로 거른다.
3 원심분리기에 돌려서 맑게 거른다. 냉장 혹은 냉동 보관한다.

## 바나나 럼 / 바나나 피스코

바나나 … 3개
럼 / 론 자카파 23Ron Zacapa … 750㎖
또는 피스코 / 와카Waqar … 750㎖

1 바나나 껍질을 벗겨서 적당한 크기로 자르고 럼 또는 피스코와 함께 핸드블렌더로 분쇄한다.
2 원심분리기에 돌려서 맑게 거른다.

## 그릴드 유자 진(그릴드 오렌지 진, 그릴드 귤 진)

황유자 … 2개
진 / 텐커레이Tanqueray Gin … 750㎖

1 유자를 반으로 자른다. 컨벡션 오븐을 120℃로 설정하고 1시간 가열한다.
2 까맣게 된 유자를 진과 함께 진공포장하고 55℃의 워터 배스에서 2시간 가열한다. 걸러내서 보틀링한 뒤 상온 보관한다.

과즙이 적은 유자는 과육째 오븐에서 구운 다음 담가두고 있다. 단, 가열할 때 온도가 너무 높거나 시간이 너무 길면 탄화炭化하므로 주의한다. 오렌지는 필 2개분, 귤은 필 3개분을 오븐에서 굽고 같은 방법으로 담근다.

## 센차 진

센차 잎 … 13g
진 … 750㎖

1 진에 찻잎을 담가 하룻밤 둔다.
2 다음날 차 거름망으로 거르면서 보틀링한 뒤 상온 보관한다.

찻잎은 계절에 따라 사에미도리, 야부키타, 쓰유히카리를 주로 사용하고 있다. 진은 찻잎에 따라 봄베이 사파이어, 로쿠, 텐커레이 중에서 고른다. 단, 플레이버가 너무 강한 진과 시트러스 향이 너무 강한 것은 어울리지 않는다.

## 얼그레이 진

얼그레이 잎 … 10g
진 / 헨드릭스Hendrick's Gin … 750㎖

진에 찻잎을 담가 하룻밤 둔다. 다음날 차 거름망으로 거르면서 보틀링한 뒤 상온 보관한다.

## 호지차 럼 / 호지차 버번

진하게 볶은 호지차 잎 … 13g
럼 / 론 자카파 23Ron Zacapa … 750㎖

럼에 찻잎을 담가 하룻밤 둔다. 다음날 차 거름망으로 거르면서 보틀링한 뒤 상온 보관한다. 버번으로 만들 때도 같은 분량이면 된다. 버번은 떫은맛이 적고 바닐린이 많은 것을 고른다. 호지차는 로스팅 정도나 품종에 따라 맛이 달라진다. 진하게 볶은 것은 더욱 쓴맛이 있고, 초콜릿 같은 맛이 난다. 단, 너무 오래 담그면 아린 맛이 나므로 주의한다. 살짝 볶은 것은 맛이 가벼워서 프루티한 아이스 와인이나 리큐어와 어울린다.

## 3. 오크통 숙성

■ 2ℓ들이 작은 오크통에 칵테일을 넣고 최대 6개월간 숙성시킨다.

### G4

진 / 텐커레이 넘버 텐Tanqueray No. TEN … 900mℓ
드라이 오렌지 헤네시 VS … 450mℓ
월넛 리큐어 … 300mℓ
베르무트 / 이자귀레 1884Yzaguirre Vermouth selection 1884 … 300mℓ
피 브라더스 월넛 비터스Fee Brothers Walnut Bitters … 10mℓ
밥스 애봇 비터스Bob's Abbotts Bitters … 10mℓ

'드라이 오렌지 헤네시 VS'는 건조 오렌지 슬라이스 5장, 헤네시 VS 500mℓ를 함께 진공포장하고 50℃에서 1시간 가열한 뒤 건조 오렌지를 꺼내서 보틀링한 것이다. 모든 재료를 합쳐서 2ℓ들이 오크통에 넣고 냉암소에서 2개월간 숙성한다. 숙성한 뒤에는 보틀링한다.

진은 영국, 코냑은 프랑스, 베르무트는 스페인, 리큐어는 이탈리아산이다. 각 나라의 주류를 한데 모아서 만든 까닭에 'G4'라고 이름 붙였다. 오렌지와 월넛 향이 나는 비터 칵테일이다. 60mℓ를 얼음과 함께 스터링한 뒤 칵테일글라스나 록 글라스에 따라 마신다.

### 우드랜드 비터 리퀴드

캄파리Campari … 800mℓ
아마로Amaro … 400mℓ
피콘Picon … 400mℓ
오르넬라이아 그라파Ornellaia Grappa … 100mℓ
보커스 비터스Dr.Adams Bokers Bitters … 20mℓ
밥스 바닐라 비터스Bob's Vanilla Bitters … 20mℓ
밥스 애봇 비터스Bob's Abbotts Bitters … 40mℓ
제리 토마스 비터스The Bitter Truth Jerry Thomas Bitters … 20mℓ

모든 재료를 섞어서 2ℓ들이 오크통에 넣고 냉암소에서 최소 2개월, 최대 6개월 숙성한다. 숙성한 뒤에는 보틀링한다.
이 자체가 칵테일이지만, 하나의 비터 리큐어로 사용하는 것을 가정하고 있다. 각 비터 리큐어는 각기 복잡한 풍미를 갖고 있지만, 한층 더 복잡하면서도 여운이 긴 것을 만들고 싶었다. 캄파리, 아마로, 피콘은 방향 면에서는 어느 정도 비슷하지만, 그라파가 들어감으로써 훨씬 더 깊은 맛이 나게 된다. 장기 숙성한 그라파는 양을 조금 더 늘려도 좋다. '핵심'은 캄파리다. 캄파리는 그대로 두고 아마로와 피콘을 페르넷 브랑카, 시나, 그랑 클라시코로 바꿔도 맛있다. 우드랜드 비터 리쿼드 45㎖, 탄산수 90㎖, 레몬 슬라이스 1장. 이것만으로도 맛있다. 나머지는 비터 리큐어 대신 소량을 넣거나 베르무트에 1tsp.만큼 블렌딩해도 쓴맛과 깊이가 난다.

### 에이징 피멘토[3] 럼

럼 / 디플로마티코 레제르바Diplomatico reserva … 750㎖
올스파이스 … 15알
시트러스 페퍼 콘 … 12알
클로브 … 10개
시나몬 스틱 … 2개
육두구 … 1개
바닐라빈 … 1개

막자사발에 모든 향신료를 갈아서 잘게 부수고 바닐라빈은 가늘게 채 썬다. 럼과 함께 진공포장하고 60℃에서 2시간 가열한 뒤 냉장고에 3일간 담근다. 커피 필터로 걸러내고 나서 오크통에 넣어 1개월 숙성한다.

## 4. 시럽·코디얼·슈럽

### 시나몬 시럽

시나몬 스틱 … 4개
물 … 400㎖
그래뉴당 … 350g

시나몬 스틱을 막자사발에 넣어 잘게 부순 뒤 그래뉴당, 물과 함께 냄비에 넣고 끓인다. 그래뉴당이 녹으면 뚜껑을 덮고 약한 불에서 10분간 끓인다. 식혀서 거르고 보틀링한다.

---

3 Pimento. 천인화과 피멘토의 미숙 과실을 건조해서 만드는 향료. 시나몬, 클로브, 육두구 따위의 모든 향이 들어 있다.

## 바닐라 시럽

바닐라빈 … 5개
물 … 500㎖
그래뉴당 … 500g

바닐라빈을 세로로 자른다. 물을 끓인 뒤 그래뉴당, 바닐라빈을 넣고 10분간 약한 불에서 푹 끓인다. 불을 끄고 뚜껑을 덮은 뒤 잔열이 식으면 그대로 냉장고에 넣어 하룻밤 담근다. 다음 날 내용물을 거르면서 보틀링한다. 바닐라빈은 식품건조기에 넣어 70% 정도 건조시킨 뒤 랩을 씌워 냉장 보관했다가 나중에 한 번 더 사용한다.

## 다시 시럽

가야노야 기와미다시 … 1팩
물 … 300㎖
그래뉴당 … 200㎖

냄비에 물과 다시 팩을 넣고 중간 불에서 3분간 데운다. 그래뉴당을 넣어 녹인 뒤 불을 끄고 뚜껑을 덮는다. 5분 뒤 다시 팩을 꺼내고 급랭한 뒤 보틀링한다. 냉장 보관한다.

## 타마린드 시럽

타마린드 페이스트 … 225g
물 … 1,500㎖
그래뉴당 … 적당량

1 냄비에 타마린드 페이스트와 물을 넣고 센 불에서 데운다. 끓으면 약한 불로 줄여 페이스트를 녹인다. 너무 걸쭉하면 물을 더 넣고, 너무 묽으면 타마린드 페이스트를 더 넣는다. 완전히 녹으면 불을 끄고 거름망(시누아)으로 거른다.
2 1.5배의 그래뉴당을 계량해서 넣고 한 번 더 끓인다. 불을 끄고 급랭한 뒤 보틀링하거나 소분해서 냉동 보관한다.

사용할 때는 냉장 보관한다. 타마린드는 산미가 굉장히 강하다. 그래뉴당을 넣고, 어느 정도 산미를 남길지는 취향에 따라 정한다.

## 화이트 트러플 허니 시럽

화이트 트러플 꿀Miele di Acacia al Tartufo … 120g
물 … 120㎖
트러플 오일 … 2drops

진공 팩에 화이트 트러플 꿀과 물을 넣고 50℃에서 20분간 가열한다. 식힌 뒤에 트러플 오일을 넣고 섞는다. 보틀링한 뒤 냉장 보관한다.

## 흰깨 시럽 / 검은깨 시럽

흰깨 또는 검은깨 … 60g
물 … 280㎖
그래뉴당 … 280g

냄비에 물과 그래뉴당을 녹인 다음 프라이팬에 흰깨를 가볍게 볶는다. 만들어놓은 시럽에 볶은 흰깨를 넣고 뚜껑을 덮은 뒤 약한 불에서 10분간 끓인다. 열을 식힌 뒤 거르면서 보틀링하고 냉장 보관한다.

## 기네스 시럽

기네스Guinness … 330㎖
그래뉴당 … 200g

기네스 40㎖를 남겨놓고 290㎖를 냄비에 넣은 다음 중간 불에서 끓인다. 끓으면 약한 불로 줄이고 3분간 가열해서 알코올을 날린다. 그래뉴당을 녹인 뒤 약한 불에서 3분간 끓인다. 기네스 40㎖를 넣고 1분간 끓인다. 주류의 향을 살리는 시럽을 만들고 싶다면 반드시 마지막에 그 주류를 소량 넣는다. 그러면 그 주류의 향이 나는 시럽이 된다.

## 콘 시럽

콘 주스 … 300g
그래뉴당 … 200g

옥수수 캔에 들어 있는 옥수수 알갱이와 국물을 블렌더로 갈고 액체만 걸러서 냄비에 붓는다. 설탕을 넣고 약한 불에서 5분간 졸인 뒤 보틀링한다. 걸러낸 뒤의 잔류물은 디하이드레이터로 건조시켜서 칩을 만들고 칵테일의 데커레이션에 사용한다.

## 프레시 콘 시럽

삶은 옥수수 … 2개
물 … 300~400㎖(옥수수 크기에 맞춰 양 조절)
그래뉴당 … 적당량

삶은 옥수수 알갱이를 칼로 일일이 딴다. 물과 함께 블렌더에 간 뒤 거르고 액체를 계량한다. 냄비에 거른 액체, 동량의 설탕, 옥수수 심지를 넣고 중간 불에서 3분, 약한 불에서 3분 졸인다. 잔열이 식으면 보틀링한다. 옥수수 심지에서는 향이 나오므로 끓일 때 꼭 넣는다.

## 카카오닙스 & 바닐라 시럽

카카오닙스 … 2tsp.
바닐라빈 … 5개
물 … 500㎖
그래뉴당 … 400g

냄비에 준비한 재료를 넣고 중간 불에서 끓인다. 그래뉴당이 녹으면 뚜껑을 덮고 10분 가열한다. 불을 끄고 냉장고에 1시간 두었다가 거르면서 보틀링한 뒤 냉장 보관한다. 바닐라빈은 꺼내두었다가 나중에 재사용한다. 2회까지 사용 가능하다.

## 피스타치오 시럽

피스타치오 페이스트(Babbi) … 80g
물 … 300㎖
그래뉴당 … 200g

냄비에 준비한 재료를 넣고 가열한 뒤 피스타치오 페이스트가 녹으면 불을 끈다. 잔열이 사라지면 보틀링한 뒤 냉장 보관한다.

## 레몬 버베나 & 딜 코디얼

레몬 버베나 … 8g
딜 … 3개
물 … 300㎖
그래뉴당 … 300g
구연산 … 3g

그래뉴당과 물로 시럽을 만들고 딜을 넣어 핸드블렌더로 휘젓는다. 레몬 버베나를 넣고 뚜껑을 덮어 10분간 둔다. 구연산으로 맛을 조절하고, 잔열이 식으면 보틀링한 뒤 냉장 보관한다. 1개월 사용 가능하다.

## 콜드브루 커피 코디얼

스페셜티 커피빈 … 40g
물 … 1,150㎖
그래뉴당 … 700g
구연산 … 5tsp.(기준)

1 스페셜티 커피빈을 중간 크기로 분쇄하고 물과 합친 뒤 냉장고에 15시간 두었다가 커피 필터로 거른다.
2 냄비에 콜드브루 커피를 넣고 약한 불에서 700㎖가 될 때까지 졸인 뒤 그래뉴당을 추가한다. 그래뉴당이 녹으면 구연산을 추가한다. 구연산은 조금씩 추가하면서 원하는 산미를 만든다. 식으면 보틀링한 뒤 냉장 보관한다.

## 라즈베리 슈럽

라즈베리 … 170g
화이트 비니거 … 475㎖
물 … 475㎖
그래뉴당 … 600g

1 라즈베리를 블렌더로 휘저은 뒤 화이트 비니거에 합쳐서 3일간 담근다.
2 거름망(시누아)으로 거르고 냄비에 물, 그래뉴당과 함께 넣어 약한 불에서 데운다. 그래뉴당이 녹으면 불을 끄고 상온에서 식힌 뒤 보틀링한다. 냉장 보관한다.

## 베니쇼가 슈럽

베니쇼가 … 100g
물 … 200g
그래뉴당 … 200~300g

베니쇼가와 물을 핸드블렌더로 간다. 거르고 계량한 뒤 동량의 그래뉴당을 냄비에 넣고 5분간 끓인다. 잔열이 식으면 보틀링한 뒤 냉장 보관한다.

# 5. 그 밖의 레시피

## 허니 진저 에센스

다진 생강 … 550g
통클로브 … 20개
통올스파이스 … 10개
통카르다몸 … 8알
레몬그라스(냉동) … 1개
레몬 버베나(티백) … 2개
시트러스 페퍼 … 8알
시나몬 스틱 … 2개
시나몬 분말 … 소량
레몬 슬라이스 … 2개분
레몬주스 … 50㎖
그래뉴당 … 130g
꿀 … 40g
물 … 650㎖

1 냄비에 향신료들과 물을 넣고 약한 불로 30분간 끓인다.
2 생강, 그래뉴당, 꿀, 레몬그라스, 레몬 슬라이스, 레몬주스, 레몬 버베나를 추가하고 약한 불로 10분간 끓인다.
3 불을 끈 뒤 식으면 밀폐 용기에 넣어 냉장 보관한다. 며칠 지나면 생강은 매운맛이 서서히 사라지고 향신료의 느낌이 강해진다.

## 밀크 워시 리퀴드(무알코올 밀크 펀치)

우유 … 150㎖
코코넛 워터 … 310㎖
레몬주스 … 100㎖
오렌지 필 … 2개분
레몬 필 … 1개분
파인애플 슬라이스 … 1장
클로브 … 8개
스타 아니스 … 2개
시나몬 스틱 … 1개
슈거 시럽 … 70㎖
건조 생강(옵션) … ½tsp.
청호지차(옵션) … 5g

1 막자사발에 향신료를 가볍게 빻는다. 우유를 제외한 재료를 진공포장하고 냉장고에서 24시간 담가두었다가 꺼내서 거른다.
2 우유 150㎖를 60℃가 될 때까지 천천히 데운다. 데운 우유를 1과 혼합하고 살살 뒤섞으면 점차 분리되기 시작한다.
3 냉장실에서 하룻밤 넣어두었다가 커피 필터로 걸러서 완성한다. 원심분리기가 있다면 남은 액체도 원심분리한다.

유청 단백질은 80℃ 정도부터 변질되므로 끓지 않아야 한다. 단, 생우유 맛을 유지하면서도 열 살균을 하려면 65℃까지는 가열할 필요가 있다. 급격하게 온도를 올려서 60℃로 만들어도 잘 분리되지 않으므로 주의한다. 기호에 따라 건조 생강과 청호지차青ほうじ茶를 넣으면 악센트가 더해진다. 냉장실에서 담글 때 같이 넣는 것을 추천한다.

## 클라리파이드 토마토주스

토마토 … 2개

1 용기에 토마토를 큼직하게 썰어서 넣고 핸드블렌더로 갈아서 퓌레로 만든다.
2 원심분리기의 튜브 용기에 1을 균등하게 넣고 원심분리기를 설정한다. 10분간 3,500회 회전시켜서 고형분을 분리한다. 튜브를 꺼낸 뒤 액체 표면에 뜬 껍질은 버리고 차 거름망으로 거른다. 젤리 상태의 침전물을 한 번 섞고 튜브 2개에 나눠 담는다. 5분간 3,500회 회전시켜서 잔류액도 분리한다.

원심분리기를 사용하지 않는다면 1을 거즈나 커피 필터로 하룻밤 동안 냉장고에서 거른다. 완성물은 원심분리기를 썼을 때와 같지만, 자연 낙하로 인한 추출이라서 총량의 수율은 나쁘다. 보관은 3일 가능하며 반드시 냉장 보관한다. 가능하다면 배큐빈[4]으로 공기를 빼둔다.

## 초콜릿 가나슈

발로나 카라크 초콜릿(카카오 56%) … 500g
생크림(유지방 38%) … 150㎖
무염 버터 … 50g
전화당[5] … 58g

1 발로나 카라크Valrhona Caraque를 중탕으로 데워서 녹인다. 단, 증기에 데이지 않도록 주의한다.
2 생크림을 끓인다. 너무 많이 끓어오르면 분량에 오차가 생기므로 한번 끓어오른 정도면 된다.
3 초콜릿이 35℃ 전후, 생크림이 65℃ 전후가 되면 초콜릿에 생크림을 조금씩 넣고 스패출러로 섞어서 유화시킨다.
4 생크림 전량을 넣고 유화시킨 뒤 무염 버터, 전화당을 섞는다. 덩어리 버터는 잘 녹지 않으니 상온에 두어 부드럽게 하거나 약간 온도를 올려 녹인 상태에서 섞어야 한다.
5 초콜릿이 유화되어 윤기가 나면 디스펜서나 짤주머니로 옮기고 반구형의 실리콘 몰드(실리콘 모양 틀)에 붓는다. 냉장실에서 식히고 용기 또는 통으로 옮긴 다음 냉장 또는 냉동 보관한다.

냉동실에서 3개월, 냉장실에서 2주 보관할 수 있다. 소량의 보드카를 넣으면 냉장실에서 1개월 보관 가능하다.

---

4 Vacuvin. 산화를 방지하기 위해 병 속을 진공 상태로 만드는 진공 마개.
5 轉化糖. 수크로스를 가수 분해해 얻는, 포도당과 과당의 혼합물. 수크로스보다 소화 흡수가 좋아 과자나 식품을 만드는 데 쓰인다.

## 콜드브루 코코넛 커피

커피빈 … 20g
코코넛 워터 … 330㎖

믹서에 커피빈을 넣고 중간 크기로 분쇄한다. 코코넛 워터(펄 로열의 제품을 권장한다)와 함께 더치커피 기구에 넣고 설정한 뒤 약 10시간 추출한다. 또는 커피빈과 코코넛 워터를 섞고 냉장실에서 약 12시간 둔 뒤 커피 필터로 걸러내도 된다. 밀폐 용기에 담아 냉장 보관한다. 4일간 보관 가능하며 품질 유지는 3일 가능하다.

## 푸아그라 아이스크림

푸아그라 보드카(→ p.254) 잔류액 … 200g
달걀노른자 … 3개
그래뉴당 … 60g
생크림 … 125㎖
포트와인 … 15㎖

달걀노른자, 푸아그라 보드카 잔류액, 그래뉴당을 중탕으로 녹여서 유화시킨다. 거른 뒤 생크림과 포트와인을 혼합하고 아이스크림 머신을 사용해서 아이스크림을 만든다.

## 태운 간장 분말

1 프라이팬에 적당량의 간장을 넣고 약한 불로 끓인다. 거품이 나면 프라이팬을 돌려가며 눌어붙지 않게 끓인다. 걸쭉해지면 불을 끄고 키친타월 위로 옮겨서 얇게 펼친다.
2 디하이드레이터를 57℃, 10시간으로 설정하고 건조한다. 건조되면 꺼내서 1시간 정도 두었다가 식힌다.
3 적당한 크기로 쪼갠 뒤 믹서로 분쇄하고 분말로 만든다. 실리카 겔을 넣어 밀폐 용기에 보관한다.

## 미소된장 분말

1 키친타월 위에 혼합 미소된장을 얇게 펼쳐놓는다. 디하이드레이터를 57℃, 10시간으로 설정하고 건조한다.
2 건조되면 꺼내서 1시간 정도 두었다가 식힌다. 적당한 크기로 쪼갠 뒤 믹서로 분쇄하고 분말로 만든다. 실리카 겔을 넣어 밀폐 용기에 보관한다.

# 6. 가니시

## 건조 과일 칩

건조 과일 칩은 과일을 얇게 썰어서 디하이드레이터의 트레이에 올려놓고 건조한다. 과일은 57℃, 야채는 52℃가 권장 온도다. 감귤류는 약 6시간 뒤 꺼내고 실온에 3시간 두면 완성된다. 과즙이 많은 과일은 8시간 정도 건조하고 상태를 확인한다. 실리카 겔을 넣어 밀폐 용기에 보관한다. 주로 오렌지·파인애플·사과·딸기·무화과·키위·라임·토마토·오이·루바브 등으로 과일 칩을 만들고 있다. 오이·루바브는 세로로 길게 썰어서 만든다.

## 라이스 플라워 칩

라이스페이퍼 … 2장
식용 꽃 … 적당량
오렌지 슬라이스 … 적당량
레몬 슬라이스 … 적당량
딜 … 적당량

물에 적셨다가 뺀 라이스페이퍼 위에 재료들을 올리고 라이스페이퍼를 한 장 더 겹친다. 디하이드레이터로 3시간 건조하면 완성이다. 원하는 모양은 30분 건조한 단계에서 무스 틀 등의 모양틀로 만든다. 오사카의 중국요리점 'Chi-fu'의 아즈마 고지東浩司 셰프에게 배운 레시피인데 종종 만들고 있다.

# 제 6 장

# 칵테일 구축법

# 1. 기본 구성 이론

칵테일은 어떻게 만들까? 물론 사람마다 각자의 순서와 방정식이 있다. 이론이라고 하면 거창하게 느껴질 수 있으니 '레시피의 기본 사고방식'이라 생각해주길 바란다.

### [전통적인 레시피]

나는 칵테일을 구성할 때 2000년대 초반까지는 기존의 베이스 레시피를 참고했다.

- 스피릿 30㎖ : 리큐어 30㎖ : 과즙 15㎖
- 스피릿 45㎖ : 과즙 15㎖
- 스피릿 20㎖ : 리큐어 20㎖ : 리큐어 20㎖
- 스피릿 40㎖ : 리큐어 10㎖ : 리큐어 10㎖

굉장히 알기 쉽고 끝맺음이 좋다. 그러나 재료가 다양해지고 맛도 다양해진 요즘, 이런 레시피만으로는 표현하는 데 한계에 다다랐다. 더욱 깊고 입체적인 맛으로 완성하려면 모든 가능성과 조합을 검토할 필요가 있다.

### [기본 프레임]

다양한 가능성을 검토하기 전에 '기본 사고방식'을 정해두는 것이 좋다. 나는 다음과 같은 사고방식에서 시작하고 있다.

| 기본 프레임 = 메인(M) + 플레이버(F) + 악센트(A) |
|---|

이 기본 프레임 안에 몇 가지 요소를 복합적으로 넣으면 최종 칵테일 레시피를 완성할 수 있다. 마티니와 진토닉을 이 프레임에 적용해보자.

마티니

M : 진

F : 베르무트

A : 오렌지 비터스

진토닉

M : 진

F : 토닉워터

A : 라임

마티니의 프레임을 복층적으로 나누면 더욱 복잡하고 풍부한 맛이 나는 레시피가 된다.

마티니 : 기본 프레임을 복층적으로

M : 고든스, 텐커레이 넘버 텐, 키노비

F : 노일리 프랏 드라이, 노일리 프랏 드라이 올드Noilly Prat Dry Old

A : 오렌지 비터스

이 프레임을 응용해볼 수 있다.

과일 칵테일

M : 스피릿(단일 혹은 복수)

F : 과일·채소 등(프레시, 콩포트, 그릴, 퓌레 등)

A : 조미료(페퍼, 비니거, 향신료, 커피, 비터스, 팅크[1] 등)

복잡한 레시피라도 분해해서 정리하면 크게 이 3요소로 나뉜다. 이 3가지 밸런스가 나쁘면 대개 맛이 없다. 지금까지 다양한 요리를 먹어왔는데 요리에도 이 구조가 들어맞는다. 메인은 중심의 식자재, 플레이버는 소스나 조미료, 악센트는 가니튀르[2]나 플러스알파의 무언가. 이 각각을 '하나의 재료'가 아닌 '여러 재료'로 만들어냄으로써 창조적인 일품으로 완성할 수 있다. 반대로 지극히 단순한 궁극의 일품으로 완성할 수도 있다. 마찬가지로 칵테일도 메인, 플레이버, 악센트를 여러 재료로 만들면 더욱 복잡하면서도 흥미로운 것으로 단계를 높여갈 수 있다. 아니면 재료를 가공해서 단일 구성으로는 낼 수 없는 맛을 만드는 것도 가능하다.

단, 그 복합성도 기본 밸런스가 맞아야 한다. 먼저 전통적인 레시피를 바탕으로 구체적인 구성을 한다. M : F : A 각각을 여러 가지로 구성할 때도 그 밸런스 안에서 시작한다.

정해진 방정식 같은 레시피는 없지만, 자주 사용하는 레시피가 있다.

- 20mℓ : 20mℓ : 20mℓ + ○ dashes
- 40mℓ : 15mℓ : 10mℓ + α(과일?) + ○ dashes
- 40mℓ : 10mℓ : 10mℓ

1 Tincture. 동식물에서 얻은 약물이나 화학 물질을 에탄올 또는 에탄올과 정제수의 혼합액으로 흘러나오게 해 만든 액제(液劑).

2 Garniture. 프랑스어로 곁들임 또는 고명.

여기에 베이스 스피릿을 몇 ㎖ 늘리거나 악센트로 비터스 또는 엑기스를 몇 dash씩 넣는다.

**[메인 : 플레이버 : 악센트의 세기 관계]**

여기서 양의 밸런스와 구조의 관계가 중요하다. 메인과 플레이버와 악센트 사이의 세기力를 의미한다. 메인이란 '맛의 골격'을 가리킨다. 전체를 지원하며 캔버스의 바탕에 가깝다. 플레이버는 '메인을 덮는 베일' 같은 것으로, 캔버스에 칠하는 물감이라 할 수 있다. 이쯤에서 전체의 색이 결정된다. 포인트는 '메인 + 플레이버' 단계에서 맛있어야 한다는 것이다. 이 단계에서 악센트를 더하지 않으면 맛이 없는 경우 원래부터 무언가 부족했다고 생각하는 편이 좋다. 생각해야 할 것은 2가지다.

- 플레이버와 메인의 궁합이 틀리지는 않았나?
- 양의 밸런스는 나쁘지 않은가?

악센트는 메인, 플레이버의 밸런스를 맞추고 맛을 한 단계 더 올리기 위해 추가한다. 악센트는 마무리 같은 것으로, 칵테일에 윤기를 내거나 변화를 주는 등의 역할을 한다. 악센트가 과하면 플레이버와 따로 놀게 된다. 포인트는 '플레이버보다 악센트가 강해지지 않을 것'이다. 악센트는 어디까지나 악센트다. 맛으로 말하면 입속에 들어가 4초 후, 5초 후에 미각에 나타나도록 이미지화한다. 때로는 여운이자 플레이버를 마지막으로 변화시키는 역할을 한다.

메인과 플레이버 관계도 마찬가지다. 메인이 너무 약하면 플레이버가 메인이 되고 만다. 소스의 맛이 너무 강해서 주인공인 고기의 맛을 전혀 알 수 없게 된 요리 같은 것이다. 칵테일에서도 종종 일어나는 일이다.

정리하면, 칵테일의 구성은 각 파트의 구성을 생각해야 한다는 얘기다. 그리고 세기 관계를 정리해야 한다. 입안에서 퍼지는 맛이 메인, 플레이버, 악센트 순으로 느껴지는지, 아니면 각각이 밸런스 있게 미각으로 느껴지는지 알아본다.

앞으로도 칵테일 구성은 변할 것이다. 더욱 복잡해지는 케이스와 매우 단순한 케이스의 양극단에 있는 것들이 나올 것으로 예상한다. 궁극적으로 단순한 것은 물을 타서 희석하는 것이다. 물을 탄 술의 플레이버를 어떻게 컨트롤하는가. 말 그대로 술과 물의 비율도 있지만, 기술의 비율이 더 높아진다. '재료'와 '기술'이 '구성 이론'과 접목되면 레시피, 밸런스, 재료, 기술이라는 4가지로 칵테일을 구축하게 되며, 더욱 복잡해지는 것이다. 이 책을 다 읽고 나면 대답이나 힌트가 보이게 될 것이다. 각 레시피를 통해 무엇이 베이스이고 무엇이 플레이버이고 무엇이 악센트인지, 또 재료가 중요한 레시피인지 기술이 중요한 레시피인지 등을 반드시 확인하기 바란다. 창조를 위한 훈련이 될 것이다.

### [스터링과 셰이킹의 선택]

셰이킹인지 스터링인지 고민이 될 때가 있을 것이다. 과일 칵테일이라면 셰이킹, 주류끼리의 구성이라면 스터링이라 생각하는 사람도 있을지 모른다. 어떤 스피릿이나 리큐어를 쓰느냐에 따라서도 선택은 달라진다. 한때 칵테일에서 쓰는 주류는 맛이 분명한 것이 많았지만, 최근에는 크래프트 진이 그렇듯 섬세한 재료가 늘어나고 있다. 베이스의 스피릿이나 액체 자체의 풍미가 복층적으로 흥미로운 것이라면, 그것을 살리는 것이 중요해진다. 그럴 경우 셰이킹보다 스터링으로 사용하는 편이 좋다. 설령 진 피즈일지라도 말이다. 달걀, 크림, 초콜릿, 오일 성분이 있는 재료 이외라면 스터링으로 만들 수 있다.

특히 과일류는 스터링으로 만들면 풍미가 더욱 입체적으로 된다. 애초에 과일을 필요 이상으로 차갑게 해서 가수하는 것 자체는 어떤가. 과일의 단맛을 맛있게 즐기고 싶다면 적당히 차갑게 해서 그대로 먹는 것을 추천한다. 칵테일이라면 셰이킹보다 스터링이 더 낫다.

과일류의 칵테일을 스터링으로 마무리하는 케이스를 생각해보자. 스터링이므로 당연히 풍미가 깔끔하게 나온다. 알코올감이 강하면 베이스 스피릿의 양을 줄인다. 과일은 되도록 머들러로 으깨고 거른다. 옛 방식대로 거즈로 거르면 너무 말랑해지니 석류나 감귤은 괜찮지만, 과육이 있는 과일은 차 거름망을 추천한다. 스터링으로 마무리하면 산미와 단맛의 느낌이 셰이킹할 때와는 달라진다. 액체는 무겁고 촉촉하게, 단맛은 깔끔하게, 산미는 은은하게 느껴진다. 셰이킹은 냉각하면서 단맛이 누그러진다. 그러니 스터링을 한다면 단맛을 줄이고, 산미도 적게 한다. 즉, 기본 사고방식이 '섬세한 베이스를 살리는 것'이므로 베이스의 스피릿을 셰이킹할 때보다 적게 하고, 단맛과 산미를 줄여야 한다는 얘기다. 예를 들면 이렇다.

| [셰이킹할 때의 레시피] | | [스터링할 때의 레시피] |
|---|---|---|
| 45㎖ 섬세한 스피릿 | ▶ | 40㎖ 섬세한 스피릿 |
| 15㎖ 레몬주스 | | 10㎖ 레몬주스 |
| 10㎖ 시럽 | | 5㎖ 시럽 |
| 4개 딸기 | | 5개 딸기 |

이 미묘한 양의 차이와 기법 차이로 완전히 다른 맛이 된다.

액체가 걸쭉하면 시간이 갈수록 술맛이 무겁게 느껴지거나 단맛이 강하게 느껴지기도 한다. 그 경우 얼음을 넣은 온더록 스타일로 제공하는 것이 좋다. 딸기·망고·멜론·무화과를 스터링으로 마무리할 때는 얼음을 넣어야 차가움을 유지하면서 가수도 되어 점점 마시기 쉬워진다. 반면 수분량이 많은 과일은 얼음이 없어야 좋다. 수박·오렌지·자몽 등의 감귤류, 포도·토마토 등. 쇼트 스타일의 술맛을 좋게 해주는 얇은 글라스를 고르거나 향기가 퍼지는 와인 글라스로 제공하는 것을 추천한다.

앞으로 스피릿의 완성도는 점점 올라갈 것이다. 스피릿을 잘 다뤄 활용하려면 '스터링으로 마무리한다'라는 사고방식이 분명 도움이 될 것이다.

## 2. 오리지널 칵테일의 발상법

내가 어느 나라에서 칵테일을 만들든 "이 레시피는 어떻게 고안한 것인가"라는 말을 늘 듣게 된다. 모든 바텐더가 흥미를 갖고 있는 주제이기도 하다. 내가 칵테일을 고안하는 시작점과 과정은 각양각색이지만, 발상법은 크게 여섯 카테고리로 나눠볼 수 있다.

① 콘셉트(스토리, 주된 테마)
② 비주얼(사진)
③ 재료(홈 메이드 또는 공산품)
④ 구성 요소와 궁합
⑤ 망상
⑥ 번뜩이는 아이디어
+ 환경

### (1) 콘셉트

2010년쯤부터 칵테일에 '콘셉트'가 요구되기 시작했다. 콘셉트란 즉, 그 칵테일 자체의 독자적인 의미·테마·이야기 같은 것이다. 개성 있는 이름과 스토리는 칵테일의 부가 가치를 높이고, 새로운 흐름이 만들어졌다. 그 배경에는 각 가게의 메뉴에 차별화를 두려는 의욕도 있지만, 크게는 경쟁의 영향이 강하다.

그 무렵 칵테일 브랜드에서 주최하는 칵테일대회가 활발하게 열렸고, 향상심이 있는 바텐더들이 빠짐없이 발을 내밀었다. 출품하는 칵테일에는 강한 스토리가 필요하다고 생각했다. 대회라고는 해도 상품의 프로모션 연장선이라고 봐야 한다. 주최자는 소비자의 구매욕을 자극할 만한 '스토리 = 콘셉트 메이킹'을 중심에 두고, 전 세계 바텐더에게 요청하는 것이다. 수천~수만 명이 생각하는 방대한 양의 콘셉트와 스토리가 탄생한다. 칵테일이 차례로 생겨나고, 유행하는 테마가 나타났다가 다시 변하고 있다. 대표적으로 '금주법 시대의 칵테일 리메이크', '티키 칵테일', '영화', '향수의 칵테일화', '초현실주의', '소설(헤밍웨이 등)', '여행', '로컬 문화', '차 문화' 등이 있다.

개인이 대회를 위해 '콘셉트가 있는 하나의 칵테일'을 생각하는 시대에서 각 바Bar가 '콘셉트가 있는 메뉴'를 개발하는 시대로 이동하고 있다. 이를테면 '그 지방의 재료만 사용한 지속 가능한 칵테일', '일본의 어느 숲속에 있는 식물원의 연구원이 만든 칵테일'처럼 테마를 한정한 후에 일관된 스토리를 가진 카테고리를 개발하는 것이다.

### [메뉴 콘셉트]

어떻게 콘셉트를 고안해낼까? 어떤 기업이든 잘 팔리는 상품 콘셉트가 계속 나올 리는 없고, 우리 회사의 직원들도 콘셉트를 고심한다. 내가 아이디어를 정리하는 방법을 소개한다.

1 우선 떠오른 아이디어를 쭉 써 나간다. 이때 최대한 '실현 불가능한 것', '이상한 것'으로 고른다. 문득 생각이 난 아이디어여도 좋고, 다른 가게에 실제로 있는 것이어도 좋다.

2 아이디어 중 하나를 고른다. 종이의 중앙에 적고 ○로 묶은 뒤 그것을 바탕으로 생각할 수 있는 칵테일의 카테고리를 바깥쪽에 적어 ○와 선으로 연결한다. 이 단계에서 몇 종의 카테고리를 적을 수 없다면 그 콘셉트는 기각한다. 적어도 3종의 카테고리를 적을 수 있어야 다음 단계로 진행한다.

3 적어놓은 각각의 카테고리를 통해 생각할 수 있는 칵테일을 카테고리의 ○의 바깥쪽에 써 나간다. 이것도 최소 3종 이상 적을 수 있어야 한다.

↓

최종적으로 중심에 하나의 콘셉트, 그 주위에 3가지 카테고리, 다시 그 주위에 3종 = 합계 9종의 칵테일 안이 나오게 된다. 최소 9종의 칵테일 안이 나오면 그 콘셉트는 좋은 콘셉트라고 할 수 있다. 반대로 어딘가 마음에 걸린다면 콘셉트 또는 카테고리에 문제가 있는 것이다. 무슨 일이든 발상력이 원점이지만 헤매거나 고민할 때는 이 그림이 판단 기준이 된다.

콘셉트 만들기 예시

#### Step ❶ 콘셉트 후보 목록을 적는다

- 초창기 칵테일 : 가능한 한 마음대로 발효한 재료
- 오가닉 & 비건 칵테일 : 오가닉, 비건용 재료
- 꿀과 꽃이 메인인 칵테일 : 전 세계의 꿀을 모아서 만든 리큐어·미드·시럽
- 싱글 오리진 카카오 칵테일 : 싱글 오리진의 카카오만 사용한 스피릿과 칵테일
- 일본 차 칵테일 : 일본 내의 차를 엄선한 칵테일
- 일본주 칵테일 : 지금까지는 쓰지 않았던 일본주 칵테일
- 미래의 에너젠Energen 칵테일 : 개미·메뚜기 등 곤충을 사용한 칵테일
- 발효 칵테일 : 일본주, 와인, 과일 와인, 미드, 미소된장, 간장 등 발효 계열 칵테일
- 스페이스 칵테일 : 우주 공간에서 마실 수 있는 칵테일

- 세계 속의 티 칵테일 : 중동·남미의 차를 사용한 칵테일
- 디저트 칵테일 : 예술적인 디저트 칵테일
- 아로마 매칭 칵테일 : 향을 맡은 후에 마시면 맛이 변하는 칵테일

### Step ❷ 후보를 하나 선택해 카테고리를 고안한다

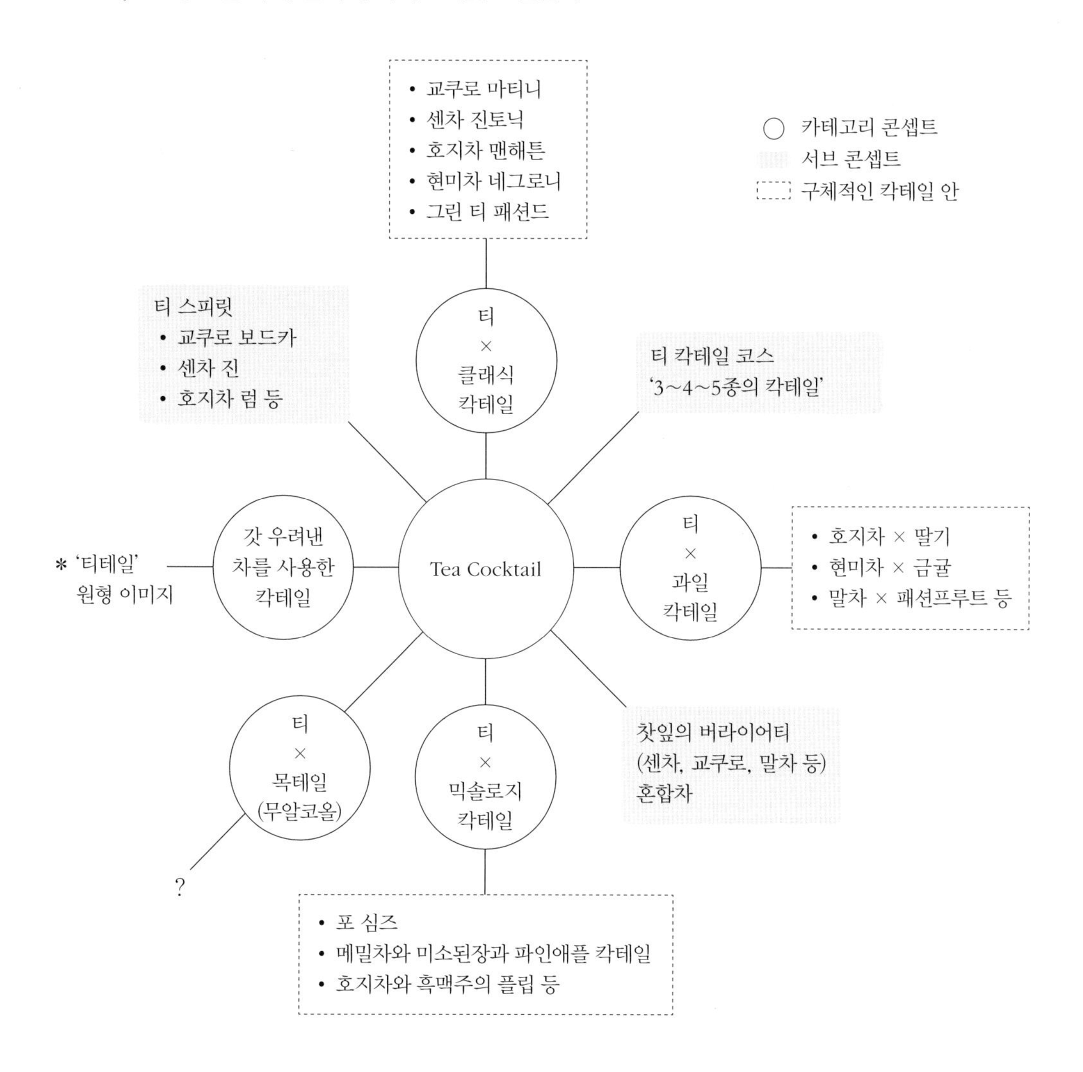


차를 사용한 칵테일 콘셉트를 생각하고 그린 그림이다. 적기 시작한 시점에서 카테고리가 확립되었고 칵테일도 상상할 수 있어 '메뉴'로 만들어도 되겠다고 판단했다. 이것이 '티 칵테일' 전문 바로 이어졌다.

## (2) 비주얼

나는 칵테일과 드링크의 사진을 자료용으로 1,000종 이상 컴퓨터에 보관하고 있다. 사진 자료의 비주얼을 통해 이미지를 떠올려 칵테일을 만들기도 한다. 물론 사진을 통해 맛의 구성 요소는 알 수 없다. 맛보다도 완성 디자인을 정하고 색·투명도·스타일의 대략적인 이미지를 구축한 다음 구체적인 레시피에 반영하는 것이다.

이 경우 10명이 있으면 10가지 레시피가 생겨나기 때문에 다른 멤버들과 비주얼을 공유해서 전원이 함께 생각하기도 한다. 이 방식으로 '아로마 스모크 가르가넬라'(→ p.138)를 만들었다. '연기를 입힌 온더록 스타일의 칵테일'과 비슷한 이미지는 비교적 자주 보긴 하나, 풍미는 상상과 다른 것으로 하기 위해 복잡하게 완성하고 있다.

## (3) 재료(홈 메이드 또는 공산품)

'재료'에서 시작해 칵테일을 구상하는 방법. 칵테일 재료에는 '직접 만드는 것'과 '기존의 것(만들어진 것, 천연의 것)' 2가지가 있다. 직접 만드는 것의 좋은 예가 블루치즈 코냑, 와사비 진 등의 인퓨전 스피릿이다. 이것들은 '그것을 사용하는 칵테일'이 먼저 이미지로 있었던 것이 아니라 좋은 스피릿을 만드는 데 전념하다 탄생한 것이다. 재료를 완성하면 테스트 삼아 칵테일을 만들어보고 궁합과 특성을 조사해서 완성하는 편이다.

무엇보다 시작試作과 고찰이 중요하다. 푸아그라 보드카를 사용해서 보드카 김렛, 블랙 러시안, 과일 칵테일 등을 만들었다고 가정해보자. 품질이 형편없어서 토하고 싶어질 수 있다. 일단 산미가 어울리지 않는다. 구성 속에 단맛이 없으면 밸런스가 잡히지 않는다는 것을 알 수 있다. 반대로 단맛이 있으면 맛이 부드럽고 순하게 퍼진다. 그렇게 부정적인 점들은 지우면서 특징을 살리고 칵테일로 만들어간다. 이 방법으로 '가스트로 쇼콜라 마티니'(→ p.176), '블루치즈 마티니'(→ p.174)를 완성했다.

'기존의 것'도 궁합과 특성을 파악하고 구성한다. 나는 이 방법을 칵테일에 가장 많이 활용한다. 그래서 점점 새로운 '재료'를 만든다. '재료'가 있으면 그만큼 거기에서 다시 새로운 칵테일이 탄생할 확률이 높다. 새로운 칵테일이 좀처럼 만들어지지 않는다면 발상에 앞서 눈앞에 있는 재료부터 재검토한다.

## (4) 구성 요소와 궁합

재료와 재료의 궁합, 구성 재료끼리의 관계를 축으로 해서 칵테일을 구성하는 방법. 이를 위해서는 다양한 지식이 필요하다. 나는 더 많은 사례와 힌트를 찾기 위해 여행을 떠나기도 하는 등 항상 의식적으로 리서치를 하고 있다.

### ① 전문 서적과 요리책에서 힌트를 얻는다

다양한 책에서 궁합이 맞는 재료에 관한 힌트를 얻는다. 내가 자주 참고하는 서적들이다.

- 『괴짜 과학자, 주방에 가다Cooking For Greeks』(제프 포터Jeff Potter 지음, 김정희 옮김, 이마고)
- 『디저트 컬렉션プロのデザートコレクション』(시바타쇼텐柴田書店 엮음, 시바타쇼텐)
- 『모더니스트 퀴진 앳 홈Modernist Cuisine at Home』(네이선 미어볼드Nathan Myhrvold 지음, The Cooking Lab)
- 『발효의 기술The Art of Fermentation』(샌더 카츠Sandor Ellix Katz 지음, Chelsea Green Publishing Company)
- 『소스의 새로운 활용과 연출How to Use and Show Sauces』(현대프랑스요리연구회 엮음, 용동희 옮김, 그린쿡)
- 『음식과 요리On Food and Cooking: The Science and Lore of the Kitchen』(해럴드 맥기Harold Mcgee 지음, 이희건 옮김, 이데아)
- 『풍미 사전The Flavor Thesaurus』(니키 세그니트Niki Segnit 지음, 정연주 옮김, 컴인)

디저트의 조합에서 재료의 조합을 배우고, 요리의 소스에서 조리 식자재와 조미료의 궁합을 익힌다. 과학적인 검증을 통해 이론을 이해하고, 재료에 어떻게 접근할지 생각한다. 돼지고기를 사용한 칵테일을 고안할 때 『풍미 사전』을 뒤적였더니 돼지고기와 궁합이 맞는 재료 목록이 있었다. 딜·오렌지·머스터드·치즈 등. 그 내용을 참고해 베이컨을 담근 스피릿과 신선한 오렌지의 과육을 조합한 뒤 마무리로 소량의 딜을 띄우는 구성으로 레시피를 완성했다.

대부분 궁합이 맞는 사례를 찾고, 그중에서 무엇을 고르고 어떻게 쓸지 퍼즐처럼 조합한다. '블랙 트러플과 딸기로 만든 디저트'를 힌트로 삼아 트러플을 스피릿에 담글지 트러플 허니를 쓸지 등 몇 가지 가능성을 가정했다. 딸기는 신선한 것이 좋지만 잼 같은 상태도 좋을 것 같았다. 최종적으로 블랙 트러플 보드카를 만들고, 딸기는 바닐라와 함께 콩포트로 만든 다음 셰이킹해서 칵테일로 완성했다.

### ② 제조법, 생육 환경에 관심을 기울인다

제조법과 산지는 궁합이 맞는 것을 찾는 데 힌트가 된다. 제조법이 동일하면 대부분 궁합이 맞는다. 발효식품끼리는 그 전형이라고 볼 수 있다. 미소된장과 초콜릿, 일본주와 미소된장, 커피와 초콜릿도 그렇다. 산지가 가까운 것, 생육 환경이 비슷한 것도 궁합이 맞을 가능성이 크다. 이를테면 참깨와 카카오는 더운 기후에서 자란다. 참기름과 초콜릿의 궁합이 맞아 칵테일로서 성립된다. 카카오나무 옆에서 망고나무나 바나나나무가 공생하고 있거나 차밭 근처에 고구마 밭이 있는 것을 간과해서는 안 된다. 그런 경우 대부분 궁합이 맞는다. 산지가 같은 일본주와 과일은 궁합이 좋으니 일본주로 과일 칵테일을 만들 때는 꼭 산지를 확인한다.

### ③ 칵테일 북을 통해 배운다

때로는 해외의 칵테일 북도 참고한다. 레시피를 훑어보면서 일부러 만들지 못할 것 같은 맛의 유형이나 바뀐 배합을 골라서 만들면, 맛있거나 흥미로운 맛을 우연히 만나게 될 때가 있다.

직접 칵테일을 만들다 보면 아무래도 익숙한 맛에 편중되기 마련이다. 자주 쓰는 배합만 찾게 되는 것이다. 그 습관을 단번에 바꾸고자 할 때 해외 바텐더의 레시피가 참고가 되기도 한다. 포인트는 실제로 만들고 맛을 확인하는 것이다. 칵테일 북은 보기만 해서는 아무 의미가 없다.

## (5) 망상

망상은 상상과 가까운 의미인데, 일부러 망상이라는 단어를 썼다. 콘셉트까지는 가지 않고, '이런 칵테일이 있었다면 좋았을 텐데' 하는 정도의 망상이다. 그 예가 '똠얌 쿨러'(→ p.166) '임모럴리티 더 몽크'(→ p.184)다. 똠얌 쿨러는 '제대로 된 똠얌꿍 맛을 느끼면서 벌컥벌컥 마실 수 있는 칵테일이 있다면 재미있을 텐데' 하는 망상에서, 임모럴리티 더 몽크는 '스님이 숨어서 마시는 칵테일이란 어떤 것일까' 하는 망상에서 만들었다. 그 밖에 '팬케이크 같은 촉감과 맛이 있는 칵테일', '돌의 풍미가 느껴지는 칵테일', '알파파가 나오는 칵테일', '초창기의 재료로 만드는 칵테일', '유약을 이미지화한 칵테일', '각종 나무와 향나무, 수지를 사용한 칵테일 시리즈' 등 망상하고 있는 이미지는 무수하다.

## (6) 번뜩이는 아이디어

번뜩이는 아이디어는 순간적으로 머리에 떠오르기 마련이다. 안타깝게도 '이렇게 하면 번뜩인다'라고 하는 팁은 따로 없다. 그러나 번뜩이는 아이디어를 얻기 위해, 확실하게 파악하기 위해 해야 할 일은 있다.
우선 환경을 갖춘다. 새롭고 독창적인 아이디어를 만들려면 거기에 맞는 환경이 필요하다. 번뜩이는 아이디어에는 신선도가 있다. 그러나 번뜩일 때는 한순간이라 그 자리에서 형상화하지 않으면 종종 사라진다. 아이디어를 그 순간에 구현하려면 가까이에 일체의 재료·장비가 있어야 한다. '어떤 것을 만들고 싶지만, 재료가 없어서 다음 주에나 만들 수 있다'라는 것은 말이 되지 않는다. 다음 주면 아이디어는 다른 것으로 변해 있든가 애초에 머릿속에 그 아이디어가 남아 있을 가능성이 매우 낮다.

언제든 아이디어가 번뜩여도 좋도록 장비·재료·주류 등은 지금 쓰는 것 외에도 풍부하게 갖춰둔다. 백 바를 바라볼 만큼의 시간을 매일 30분 정도 따로 정해두었던 시기도 있다. 손님 의자에 앉아 백 바를 바라본다. 눈에 들어오는 재료를 보면서 시각 속에서 임의로 접목한다. 어렴풋이 이미지가 떠오를 때까지 응시한다. 시각적으로도 미각적으로도 그렇지만, 한번 머릿속에 들어가면 사라질 일은 없다. 한번 넣으면 어느새 순간적으로 재료들끼리 이어져서 레시피가 된다.

아이디어가 나오지 않는다는 것은 머릿속에 퍼즐 조각이 부족하든가 재료가 넘치고 있지 않아서라고 생각한다. 아이디어가 나오지 않을 때는 필요하다고 생각되는 것을 계속 인풋한다. 책을 읽거나, 웹을 보거나, 식료품을 찾으러 가거나, 식자재를 먹거나, 셰프나 바텐더 등의 전문가와 상의하거나 등. 역사가 필요하면 역사서를 읽고, 식자재의 성분 구성이라면 식자재 사전부터 쿡 패드3까지 두루 살핀다. 그렇게 인풋을 늘려가다 보면 아이디어가 나오는 순간이 있다. 아이디어가 나오면 그 즉시 구현해 레시피에 반영한다. 이것이 일련의 흐름이다.

아이디어는 즉시 나오는 것이 아니라고 생각한다. 이것을 대전제로 하고 있어 좋은 아이디어가 나오지 않더라도 조급해하지 않는다. 애초에 나오지 않는 것이기 때문에 바로 나오지 않더라도 신경 쓰지 않는다. 그저 '인풋하면 반드시 나온다'라고 믿고 있으며, 또 실제로 나온다. 번뜩임이라는 것은 재능이라기보다 노력한 시간과 질의 문제라고 생각한다. 조합 사례는 센스라고 할 수도 있겠지만, 더 많은 재료와 정보만 있다면 비슷한 조합은 누구든 생각할 수 있다고 생각해야 좋은 결과를 얻을 수 있다.

포인트는 '환경 조성', '인풋 = 안다', '아웃풋 = 만든다', '검증 = 의견을 듣는다'의 사이클을 제대로 깊이 있게, 시간을 들여서 하는 것이다.

---

3 요리 레시피 사이트(cookpad.com).

## 3. 다양한 의견에 귀를 기울인다

우리 가게에서는 계절에 따른 메뉴 개편과 오픈할 가게의 메뉴를 개발할 때 팀으로 칵테일을 고안한다. 여러 바텐더가 따로따로 생각하면 정리할 것이 없어지기 때문이다. 내용에 따라 다르지만 ① 산뜻한 맛 ② 프루티한 맛 ③ 달달한 맛 ④ 쓴맛 또는 알코올이 강한 맛 ⑤ 색다르고 도전적인 맛 등의 카테고리를 만든다. 그 카테고리별로 각각 몇 종인지 정한다.

① 산뜻한 맛은 주문 수가 많으니 6종
② 프루티한 맛은 계절을 타니까 4종
③ 달달한 맛은 질릴 수 있으니 2종
④ 쓴맛과 강한 맛은 외국인들도 좋아하므로 3종
⑤ 색다른 맛은 메뉴의 악센트가 되니까 2종

그리고 담당을 나눈다. 그때 조건이 따로 있으면 함께 적는다. 예를 들면 메스칼, 오드비, 샴페인은 각각 1종을 사용할 것 등. 이렇게 내용이 겹치지 않도록 교통정리를 하고 진행한다. 어느 정도 레시피가 만들어지면 합동으로 시작試作·시음한다. 이때 만든 사람의 이름은 밝히지 않는다. 완성한 칵테일에 번호를 매기고 전원이 시음한 뒤 각자 포스트잇에 코멘트를 적어서 칵테일에 붙인다. 의견을 어느 정도 나누고 나면 그 포스트잇은 만든 사람이 회수해서 참고한다. 다음번에 마무리할 때 활용하는 것이다.

혼자서 맛의 모든 것을 정한다면 내가 좋아하는 맛에만 치우칠 수 있다. 그럴 가능성이 있기 때문에 실시한 방식이다. 내가 그다지 좋아하지 않는 칵테일이라도 다른 스태프가 '의외성이 있어서 굉장히 맛있다'라고 하기도 한다. 나만이 시음한다면 오류를 범해서 레시피가 세상에 알려지지 못할 수도 있다. 내 의견이라서 좋겠지만 반드시 내 의견이 옳다고 할 수 없으며, 손님의 취향도 천차만별이다. 어디까지나 칵테일은 기호품이므로 다수의 의견은 꼭 들을 가치가 있다.

바텐더 중에는 자신이 만들고 싶은 것에 관해 남의 의견은 듣고 싶지 않다는 사람도 적지 않다. 그러나 평가는 어디까지나 손님이 하기 때문에 여러 의견을 들어야 한다. 나도 칵테일을 고안하고 메뉴화할 때까지 반드시 최소 10명의 손님에게 선을 보이고, 감상이 어떤지 묻고, 의견을 들으며 복습한다. 그렇게 하면 레시피의 허점을 발견할 수 있고 처음에 번뜩이던 아이디어가 더욱 완벽해진다. 다양한 의견을 주고받을 수 있는 블라인드 칵테일 시음 평가는 멤버가 많으면 더욱 효과적이다. 해보면 반드시 소중한 의견을 얻을 수 있다.

# 제 7 장

# 바 업계의 미래

## 1. 바텐더에게 요구되는 것

### 바텐더라는 직업·입장·의식의 변화

바텐더라는 직업이 사회적으로 차지하는 위치는 매우 중요하다. 예전에는 어느 나라든 바텐더라고 하면 '막 나가는 사람'이라는 이미지가 강했고, 사회적 지위는 낮았다. 그 지위가 향상되게 된 첫 계기는 미국의 제리 토마스(1830~1885), 영국의 해리 크래덕Harry Craddock(1876~1963)이라는 시대를 빛낸 바텐더들의 존재 덕분이다.

그들은 여러 가지 칵테일을 고안하고 수많은 바텐더를 육성하면서 기술과 지식을 '서적'으로 넓혀갔다. 일본도 2차 세계대전 후에 칵테일이 보급되긴 했으나 사회적 지위는 좀처럼 높아지지 않았다. 경제적으로 불안정하다고 여겨, 바텐더라는 이유만으로 결혼이 허락되지 않기도 했다. 요식업 전체에 해당하는 일일 수 있지만 말이다. 그런 상황을 조금이라도 타파하기 위해 바텐더들은 길드를 만들어 하나로 뭉치고 사회적 지위를 향상하는 것을 목표로 해왔다. 그런 의미에서 지금의 여러 바텐더 조직이 이룩한 공적은 헤아릴 수 없을 지경이다.

그렇지만 조직의 역할도 시대가 흐르면서 조금씩 변하고 있다. 지금은 경계가 없는 시대로 바텐더의 역할도, 목표로 하는 방향도 전례 없이 다양하다. 하나의 조직에 속하지 않은 자유롭고 폭넓은 사고방식을 가진 바텐더가 늘고 있고, 조직과는 또 다른 다양한 커뮤니티가 생겨나서 심포지엄이나 콘퍼런스를 열고 있다. 앞으로 바텐더는 카운터 내에만 머무르지 않고 업계와 폭넓게 교류하며 그 가치를 높이게 될 것이다.

사회의 직업의식이 변하면서 프리랜서 바텐더 또한 늘 것이다. 물론 각각 아직 조건은 있으나 전 세계 어디든 바텐더가 일할 수 있는 시대가 되었다.

### 앞으로 바텐더에게 요구되는 것

카운터를 뛰쳐나와 자유롭게 일을 한다. 바야흐로 바텐더라는 직업이, 다양한 요소를 믹스해 새로운 가치를 창출한다는 의미에서 '믹솔로지'라는 단어 그 자체가 된다.

컨설턴트로서 다양한 바와 레스토랑의 팀 빌딩을 하거나 콘셉트 메이킹을 바탕으로 가게 개발을 하는 업무가 있다. 브랜드 이미지가 강한 기업 또는 업계의 요청을 받아 각 브랜드를 구현하는 칵테일을 만들어서 브랜딩의 일환으로 삼기도 한다. 패션·주얼리·시계·자동차 등을 칵테일로 표현하는 것이다.

크래프트 진의 영향을 받아서인지 세계 각국에 새로운 증류소들이 문을 열었다. 그 많은 마이크로 디스틸러리Micro Distillery(소규모 증류소)에서 일하는 바텐더 또는 바텐더로서 경험한 지식을 바탕으로 지도하고 감독하는 사람도 늘었다. 그렇게 바텐더 자체의 생산성이 올라가면 업계에 돈이 돌고, 가게가 많이 출점할 수 있으며, 우수한 바텐더에게 투자가가 투자해 독립하기 쉬워진다. 이 정도까지가 지금 일어나고 있는 일이다.

이 같은 일은 업계의 일부 사람만 알고 있지만, 앞으로 더 늘어날 것이다. 바텐더에게 칵테일의 기술과 지식뿐 아니라 매니지먼트 능력, 팀 빌딩, 조직 커뮤니케이션, 티칭, 코칭 능력, 기획력, 마케팅, 상품 개발력, 정보 수집 능력 등이 요구될 것이다. 물론 각 여건에 따라 요구되는 능력은 다를 것이다. 그리고 그 능력이 높을수록 시장에서의 인재 가치는 올라갈 것이다.

즉, 리더십이 있고 매니지먼트를 할 수 있으며 커뮤니케이션 능력도 뛰어나 상품 개발과 새로운 시대의 인재 교육이 가능한 인재(= 바텐더)다. 현실에 이상적인 인재는 극소수일지 모른다. 애초에 어느 업계든 이 정도의 능력이 있다면 여기저기서 부르는 사람이 많을 것이다. 그러나 바텐더는 조합 기술과 술 관련 지식만으로는 부족할 것이다. 누구나가 높은 목표를 세우고 깊이 연구하면 이 일은 더욱 창의적이고, 더욱 폭넓게 그 문화와 연계될 것이다.

다방면에 걸쳐서 능력을 몸에 익히고 세계에서 활약하려면 매일 꾸준히 배워야 한다. 특히 팀 매니지먼트는 중요하다. '개인'으로 일하기도 하지만 팀으로 일함으로써 더욱 큰 결과를 이끌어낼 수 있는 프로젝트가 늘고 있다. 가게도 마찬가지다. 팀을 만들고 목표를 설정하고 그 목표를 달성하는 강한 리더가 필요한 시대다. 리더십도, 코칭도, 매니지먼트도 각각 전문 분야이므로, 각자가 잘 하는 분야 또는 필요한 카테고리를 골라서 제대로 배우는 것부터 시작하는 것을 추천한다.

장기적으로 봤을 때 '교육'이 가장 중요하다. 우수한 바텐더를 육성하는 교육 기관 설립부터 조합 기술, 바 운영, 프로젝트 매니지먼트까지 모든 것을 망라한 커리큘럼이 필요한 시점이다. 인터넷 환경이 조성되었다는 전제 아래 배우는 장소는 어디라도 상관없다. 전 세계의 바텐더가 새틀라이트[1]에서 강사가 되고, 문헌과 교재는 모두 그 나라의 언어로 번역되며, 정보와 지식은 단번에 공유할 수 있다. 앞으로의 업계가 발전하는 데는 조합 기술뿐 아니라 매니지먼트·관리 테크닉을 가르치고, 리더십을 배운 우수한 바텐더를 필수적으로 세계에 배출해야 한다. 이 교육에 가장 공을 들인 나라가 바 업계를 이끌 것이며 전 세계 바 업계의 기둥이 될 것이다.

---

1 방송국의 외부에 설치된, 방송을 하기 위한 작은 스튜디오. 이곳으로부터 방송국으로 중계를 한다. '새틀라이트스튜디오(Satellite Studio)'라고도 한다.

## 2. 칵테일의 미래

칵테일은 앞으로 어떻게 될 것인가. 트렌드는 일정한 주기로 반복된다. 짧은 트렌드는 약 1~2년, 스피릿 트렌드는 길어도 5년 정도일 것이다.

칵테일의 미래는 과거를 회상해보면 알 수 있다. 1800년 후기에 시작된 미국의 칵테일 황금기에 탄생한 칵테일은, 50년 넘는 시간 동안 서서히 성장했다. 그렇지만 1900년대 전반까지의 칵테일과 기법은 그 후 근대까지 이렇다 할 변화는 없었다. 2차 세계대전 후, 문화의 큰 변환기를 맞이한다. 물질의 흐름, 시대의 조류, 사람들의 생활 방식이 칵테일에 영향을 끼치기 시작한 것이다. 그 흐름은 1기 1880~1945년(65년간), 2기 1945~1980년대(35년간), 3기 2000년대~현재(약 20년간)로 나눌 수 있다. 1980년대~1990년대까지는 변화가 거의 없었다. 여기서 우리는 서서히 기간이 짧아지는 것은 물론 새로운 흐름의 기간도 짧아지고 있다는 사실을 발견할 수 있다.

2000년부터 서서히 시작된 칵테일의 변화는 2008년부터 급성장해 지금도 성장을 하고 있다. 다만 2000년대의 변화는 정체기에 들어섰다고 생각한다. 앞으로도 완만하게 진행되겠지만, 기술 혁신이 빨라지면서 2030년대쯤에는 자동화(→ p.293~294)가 일반화되어 칵테일이 단번에 모습을 바꾸게 되는 건 아닐까 싶다.

스피릿은 어떤가. 30년 동안 아직 빅 트렌드가 되지 않은 스피릿에는 럼, 코냑, 칼바도스, 과일 브랜디 등이 있다. 진이 엄청난 붐을 타게 된 배경에는 제조하기 쉽고 지역을 잘 활용했다는 점이 주요했다. 하지만 브라운 스피릿은 빈티지의 존재가 희소성이 있어 인기를 얻기 쉬운 측면이 있다. 그런 관점에서 럼이나 코냑은 앞으로 유행할 만한 요소를 갖고 있다. 전 세계의 차를 사용한 칵테일, 모든 것을 유기농으로 만든 칵테일, 내추럴 와인 같은 천연 음료, 새로운 제조법 또는 재료로 만들어진 증류주나 양조주도 생겨날 것이다.

지금의 경향인 칵테일 레시피의 복잡한 테크닉은 당분간 계속되리라 생각한다. 하지만 상황이 복잡하면 할수록 범용성은 부족해지고 한정된 사람, 한정된 환경에서만 만들 수밖에 없다. 그래서 전 세계의 수많은 장소에서 사람들이 마시는 톱 세일즈의 칵테일은 클래식한 칵테일, 심플한 칵테일이 많다. '칵테일을 어떻게 하면 심플하고 맛있게 만들 수 있을까'가 중요해지는 시기가 다가오고 있다. 세련되고, 본질에 충실한 맛을 위해서 불필요한 것을 없앤 듯한 칵테일 말이다.

이것은 요리 업계의 트렌드가 예술적인 미식에서부터 내추럴한 요리로 바뀐 것과 비슷하다.

매사에 반동은 항상 일어나고, 반대 방향으로 이동한다. 복잡한 것은 단순하게, 격심한 것은 조용한 것으로 말이다. 향후 2년간 칵테일의 디자인은 단순하고, 글라스는 품질이 좋고 섬세한 것을, 데커레이션은 최소한으로, 풍미는 단순함과 복잡함이 혼재된 것(특히 우아함, 화려한 품격)을 선호할 것이다. 재료는 더더욱 내추럴한 것을 선택할 것이다. 그 후에도 또 커다란 움직임이 있겠지만, 요리 업계와의 연동은 변하지 않는다.

지금의 요리 업계와 바 업계의 시간 차는 3년 정도일까. 아마도 몇 년 후 요리 업계에 트렌드가 생기고 1년 뒤쯤 바 업계도 이에 발맞추어 빠르게 움직일 것이다. 요리 업계에서 일어나는 변화의 흐름을 잘 봐두면 칵테일 업계의 미래도 어느 정도 예측할 수 있다. 그리고 칵테일의 업계의 흐름을 잘 지켜보면 커피와 초콜릿 업계의 흐름이 보인다. 그 후에는 차 업계로 흘러 들어간다.

트렌드가 파급되는 순서를 살펴본 것이지만, 각 업계로의 전파 시간도 짧아지고 있으니 머지않아 거의 1년 정도면 어떤 업계든 같이 변하고, 같이 영향을 받은 움직임이 나타날 것이라 예상된다. 그럼에도 불구하고 가장 빨리 변하는 것이 요리 업계인 것만은 적어도 앞으로 몇 년간 변하지 않을 것이다.

### 칵테일의 자동화, 바텐더는 필요한가

기술 혁신의 흐름 속에서 모든 것이 점점 자동화되고 있다. 단순 작업부터 복잡한 수작업까지 아마 대부분 기계가 대신할 것이다. 커피도 술도 요리도 일부는 그렇게 될 것이다. 그중에서 칵테일은 어떠한 흐름을 맞이할 것인가. 여기서 말하는 것은 미래를 예상해서 준비하는 데 중요한, 전설의 이야기다.

가까운 미래에 다음의 흐름으로 고안된, 자동 칵테일 머신이 가정용·업무용으로 완성된다.

1. 각 칵테일의 최적인 배합량, 온도, 제작 중의 가수량, 셰이킹에서 공기의 함유량을 정확하게 계측한다.
2. 수치에 따라 조합을 재현하고 완전히 똑같은 맛으로 재현 가능한지 실험한다.
3. 칵테일 자체를 약 1개월 이상 보관 가능한 방법(캡슐 또는 튜브)을 개발하고, 추출하는 하드웨어(기계)를 만든다. 하드웨어의 동작은 최소 3단계. ① 얼음을 넣는다 또는 자동 제빙한다. ② 칵테일 키트를 설정한다. ③ 버튼을 누른다. ④ 마신다. 여기서 보틀을 넣거나 시간이 걸리면 안 된다. 어디까지나 '설정하고, 누르고, 마신다'라는 간단한 방법이어야 할 필요가 있다.

칵테일의 분석과 재현이 가능하게 되면 현재의 전설적인 바텐더의 마티니나 김렛, 다이키리의 레시피를 분석해 미래에 남길 수 있다. 그리고 그 칵테일은 그 이후로 언제 어디서나 누구든지 마실 수 있게 된다. 심야의 호텔 방이나 비행기 안에서도, 바텐더가 없는 어느 곳에서든 말이다.

바텐더는 레시피를 창조하는 임무를 다한다. 시리즈화하거나 한정 키트를 만들 수 있다. 세계적으로 유명한 바의 메뉴가 시리즈로 들어 있는 칵테일 키트와 유명 바텐더의 마티니 시리즈 등 각종 상품이 발매된다. 그 레시피를 만드는 것은 바텐더다. 칵테일의 자동화가 일반화된 미래에서는 레시피를 만들 수 있는 바텐더, 매력적인 콘셉트의 키트를 만들 수 있는 사람을 구하게 될 것이다. 주류 브랜드의 칵테일 키트용 레시피를 전문으로 고안하는 프리랜서 바텐더도 많이 나올 것이다.

자동화된 미래에서 바텐더와 바는 더욱 가치가 높아진다. 어디서나 질이 높은 칵테일을 마실 수 있게 되므로, 손님이 요구하는 레벨은 현재와 비교할 수 없을 정도다. 그렇게 되면 기술이 부족한 바텐더는 도태된다. 단지 손님은 자동화된 칵테일을 마시고 이렇게 생각한다. '나중에 이 칵테일을 만든 사람이 있는 바에서 실제로 마셔보고 싶다'.

일본에서 뉴욕의 유명 바의 칵테일을 키트로 마신 사람이 언젠가 뉴욕의 바에서 실제로 똑같은 것을 시켜서 마셔보길 원한다. 반대로 런던에는 일본 유명 바의 칵테일 팬으로 키트를 자주 사서 마시는 영국인이 있다고 하자. 일본에 가면 그는 반드시 그 바로 발걸음이 향할 것이다. 그렇게 해서 자동화된 칵테일은 현실과 이어지게 된다.

자동화될 미래는 바텐더가 불필요해지기는커녕 중요성이 더해간다. 창조성이 높은 바텐더가 고안한 칵테일이 전 세계적으로 소비됨으로써 지위와 직업은 더욱 변화될 것이다.

## 서스테이너블, 환경 문제, 건강 문제

2017년쯤부터 '서스테이너블Sustainable(지속 가능)'이라는 단어는 바 업계에 영향을 끼치기 시작했다. 우선은 쓰레기를 버리지 않는, 환경에 악영향을 주지 않는 지속 가능한 영업 방법을 모색하게 되었다. 싱가포르의 어느 바는 1일 배출 쓰레기양이 100g 이하라고 한다. 사용할 재료를 엄선하고, 쓸데없는 것은 쓰지 않으며, 모든 것을 재이용할 수 있는지 모색한 결과라고 했다. 바 관련 콘퍼런스에서도 반드시 거론되는 주제인데, '업계 전체에서 쓰레기 문제를 처리하려면 행정이 관여하지 않으면 어려운 게 아니냐'는 의견도 강했다. 홍콩은 재이용 재료를 보관할 창고 같은 공간을 일단 확보할 수 없어 향후 5년은 개혁이 어렵다고 알고 있다.

환경 문제는 많은 돈과 시간과 노력을 투입해야 한다. 그렇다고 결코 무시할 수는 없다. 할 수 있는 일부터 하나씩 시작할 필요가 있다. 쓰레기 배출량이 적으면 좋겠지만, 어떻게 해도 음식물 쓰레기는 나오기 마련이다. 가게에서 배출하는 음식물 쓰레기를 처리할 수 있는 소형 쓰레기 처리 시스템이 필요하다. 이 시스템은 음식물 쓰레기를 비료로 만드는 타입이다. 이 비료를 매입하는 업자가 있거나 도심의 팜 인 빌딩Farm in Building처럼 옥상이나 실내의 밭에 사용할 수 있다. 다만 점차 이 비료도 양이 많아질 것이므로 적당한 매입처가 있어야 하는 것이 가장 현실적인 해결책이다.

구체적으로 바텐더가 농업이나 환경에 어떻게 기여할 수 있을까. 자기 지역의 생산물과 주류를 적극 사용하거나, 다른 지역에 정보를 공유하는 것으로도 농업을 돕고 지역 산업을 지원하는 데 도움이 된다. 아무리 사소한 것이라도 의미 없는 일은 없다. 어업이나 축산 문제까지는 가지 않더라도 문제 해결법은 모두가 고민해야 한다.

음주는 건강 피해나 사고와의 관계성을 부정할 수 없다. 즐겁게 술을 마시기 위해 과음으로 인한 건강 피해나 만취로 인한 사고를 막으려면 어떻게 해야 할까? 마시지 않는다는 선택지를 고르면 알코올 업계는 지속할 수 없다. 알코올 업계, 바 업계가 계속 술을 제공하면서도 손님이 자유롭고 안전하게 마실 수 있는 환경이란 무엇이고 또 무엇이 필요한지 고민할 필요가 있다. 어떤 알약이나 무언가를 먹으면 혈중 알코올이 곧 분해되어 술이 깬다는 것은 그저 상상 속의 일이다. '취하는' 것을 막기보다 취한 뒤에 발생하는 사건·사고·질병 등을 막는 일이 중요하다.

앞으로는 주류 성분, 마시는 방법, 귀가 방법, 음주 후의 케어 등을 더욱 민감하게 생각해야 한다. 해외에는 24시까지만 알코올을 제공하는 나라가 적지 않다. 일본은 아직 자유지만, 알코올 제공 시간과 영업시간을 재검토하고 낮 시간대에 오픈해 23시 무렵에는 폐점하는 바도 늘어날 것이다. 내가 운영하는 바 중에 11~23시까지만 영업하는 곳이 있다. 이른 시간에 영업을 종료하면 직원은 막차가 끊기기 전에 귀가할 수 있고, 심야 근무가 없으면 신체 부담도 줄어든다. 직원이 안전하고 안심하며 오랫동안 일할 환경을 마련하는 것도 서스테이너블(지속 가능)의 하나이므로 매우 중요하다.

다시 한번 말하지만 서스테이너블에는 시간과 돈과 노력이 든다. 충실한 복리후생, 노동 시간의 단축, 휴일의 증가를 목표로 하려면 생산성을 높여야 한다. 모든 면에서의 지속 가능한 시책을 가능하게 해야 할 것이다.

## 3. 재패니즈 바텐딩의 본질

'재패니즈 바텐딩'을 내가 말하기에는 약간 씁쓸하기도 하고, 솔직히 좀 꺼려진다. 그러나 계속 혁신해가는 칵테일 세계에서 일본의 바텐딩이 끼친 영향은 크다. 본질을 올바르게 이해하고 고찰하는 것이 필요하다는 생각에서 오랫동안 나 나름대로 지켜봐 왔다.
재패니즈 바텐딩이란 기술을 말할까. 기술도 큰 요소이지만 기술은 표층에 있는 것이다. 그 기술을 만들어낸 일본인의 정신력이 가장 중요하다고 생각한다.
'얼음이 녹지 않게 하려면 어떻게 해야 좋을까.'
'더욱 맛있어지는 셰이킹이란 무엇일까.'
이 의문을 철저히 파헤친 결과, 우에다 가즈오上田和男의 '하드 셰이킹'이 탄생했다. 스터링 기술과 바텐더의 행동거지도 그러하다. 세계적으로 인기를 끌고 있는 아이스 볼 역시 일본에서 태어났다. 하나하나에 의미가 있고 행동이 있고 기술이 있으며 그것들이 계속 이어지면서 재패니즈 바텐딩이라는 문화가 되어갔다. 그 근본에는 '본질을 추구하는 정신'이 있고, 그것이 세계에서 높이 평가되는 재패니즈 바텐딩의 근간을 지탱하고 있다.

날마다 본질이란 무엇인가를 생각하는 까닭에 글라스를 고르고 기술을 엄선하고 얼음을 연구한다. 본질은 항상 '맛있는 것은 무엇인가'라는 생각에 이어져 있다. 본질이 없는 칵테일은 껍데기로, 떠내려가는 '물질'이 된다. 본질을 추구하면 의문이 생기는데 그 의문을 해결하기 위해 시행착오를 겪고, 실험하고, 검증하고, 발견을 해간다. 본질을 추구하는 흐름이 계승된 결과가 지금의 일본의 바텐딩이라고 생각한다. 그 결과는 연구하고 검증해온 일본의 바텐더 수만큼 존재한다. 바꿔 말하면 재패니즈 바텐딩은 기술이 아니라 맛을 추구하는 탐구심 그 자체이며, 답은 결코 하나가 아니다.

젠[2]과 와비차[3]에도 통하는 일본적인 사고방식이 바텐더에도 있다고 생각한다. 우에다 가즈오는 『칵테일 테크닉』에서 그것을 '바텐더도道'라고 불렀다. 일본의 바텐딩을 배우고 싶어 하는 외국인 바텐더가 있다면 '젠'과 '다도'를 배워야 더욱 깊이 이해할 수 있을 것이다.

우리 세대는 수많은 바텐더가 연구하며 습득한 기술의 정수를 이어받아 다음 세대에 넘겨주는 역할을 해야 한다. 일본의 바 문화는 독특한데 좋은 의미에서 갈라파고스[4]라는 말을 듣기도 한다. 물론 '맛있는 것은 무엇인가?'를 수십 년에 걸쳐 생각하고서 낸 대답의 조각이 각 개

---

2 禪. Zen. 정신을 가다듬어 깨달음의 경지에 이른다는 불교 사상.

3 侘茶. 다도(茶道)에서, 다구(茶具)나 예법보다는 화경청적(和敬清寂)의 경지를 중시하는 일.

4 중남미 에콰도르 영해에 위치한 군도. 각각의 섬들이 대륙과 격리된 환경적 특성이 있다. 그런 연유에서 '자신만의 세계에 고립되어서 자기의 눈높이로만 세상을 바라본다'라는 부정적인 의미로도 쓰인다.

인 안에 있고, 공유되지 않고 끝나가는 일도 적잖게 있을 것이다. 그것을 상세히 말하지는 않지만, 교육과 아울러 남겨놓아야 하는 것이 지금 해야 하는 역할 중 하나라고 생각한다. 이 책 역시 다음 세대를 위한 정보가 되기를 소망한다.

전통과 고전을 배우는 것은 필요하다. 전통과 기초는 슈하리守破離의 '슈守' 부분. 그리고 지금을 알고, 시대에 맞춰 새로운 가치를 만들어간다. 전통을 토대로 벽을 '깨破'간다. 창조력에도 정상이 있다. 그 정상을 넘으면 지금까지 만들어온 기술·지식·사고방식을 미래에 남겨둘 수 있다. 현재의 장소에서 '떨어져' 새로운 역할로 넘어가는 것이다.

지금부터 수십 년에 걸쳐 업계의 발전과 칵테일의 창조에 대해 개개인이 할 수 있는 일이 무엇인지 고민해야 한다. 가까운 미래에 동양인 바텐더가 아프리카와 중동에서 활약하며 그 나라에 바텐더 교육 기관을 만드는 일이 가능할지 모른다. 바텐더도 바도 칵테일도 끊임없이 변해야 미래가 있다. 각자의 의사와 행동을 통해 그런 미래가 무한히 펼쳐져 있다.

# 마치며

이 책을 집필하는 동안 많은 분의 도움을 받았다. 그분들에게 이 자리를 빌려 감사의 마음을 전하고자 한다. 시바타쇼텐柴田書店 편집부 기무라木村로부터 문장, 진행, 구성 등 이 책의 전반에 걸쳐 도움을 받았다. 일관성 있는 책을 만들려면 어떤 시점이 필요한지, 문장을 다수의 사람이 알기 쉽도록 전달하려면 어떠한 구성이 필요한지 등 많은 것을 배울 수 있었다. 카메라맨인 오오야마大山 덕분에 칵테일들이 생생한 사진으로 남게 되었다. 촬영 방법 하나로 극적으로 달라지는 것을 볼 수 있었다. 전하고 싶은 이야기를 어떻게 사진 속에 담을 것인지 오오야마와 기무라가 함께 긴 시간 동안 진심으로 고민하며 열정적으로 촬영에 임해주었다. 촬영 당시, 나의 막연한 요청에도 진지하게 귀를 기울여주어 진심으로 감사하다.
재료 조달과 촬영을 위해 물심양면으로 서포트해준 우리 직원들, 바텐더와 칵테일에 대해 여러 가지로 가르쳐준 선배 바텐더 분들, 절차탁마하며 업계를 이끌어가는 동료 바텐더들, 차의 본질을 가르쳐준 차 농가에 종사하는 분들, 일본의 증류주를 지탱하고 있는 소주 양조장의 신진기예 분들에게 다시 한번 감사의 마음을 전하고 싶다. 모두의 전폭적인 지원 덕분에 이 책을 끝까지 집필할 수 있었다.
칵테일은 문화다. 문화는 사람과의 교류이자 관계이며, 달리기의 배턴처럼 계속 이어진다. 칵테일 문화를 만드는 것을 목표로 삼고 가게를 개업한 지 어느덧 10년이 지났다. 내가 이만큼 다양한 장르에 흥미를 갖고 칵테일을 만들어온 데는 나름의 이유가 있다. 끝없는 호기심에서 시작하기도 했지만 모든 액체는 칵테일이 될 가능성이 있다. 그 액체와 재료에 제한이 없고, 사용하는 장비와 재료도 점점 새로워지고 있다. 이제까지는 차, 커피, 크래프트 맥주, 소주를 '칵테일화'했지만, 일본주, 각종 식물 칵테일 등 그다음 계획은 계속될 것이다. 그렇게 점점 '섞는다'라는 것을 확대하면서 각각 검증하고 레시피를 방대하게 쌓는다면 그 앞에 반드시 수렴이라는 반동反動이 일어날 것이다. '조합'이라는 사고방식을 한계에 다다를 때까지 확대한 후, 불필요한 기술이나 지식을 깎아내고 마지막에 남은 생각과 기법으로 만든 칵테일이 내게 최고의 칵테일이 되리라 믿고 있다. 아직 본 적 없는 그 칵테일을 위해, 지금은 '복합성의 추구', '기술의 발견', '과학적 장비의 사용'을 가리지 않는다. 그 궤적과 실증이 '길'을 만들고, 오랜 시간에 걸쳐서 수많은 '칵테일 문화'를 만들어가는 토양이 된다고 믿고 있다.

믹솔로지라는 칵테일의 사고방식이 더욱 일반적이 되고, 더욱 자유로워지며, 끝없는 창조성이 더 많은 칵테일을 만들어내는, 그리고 그 칵테일들이 사람들에게 사랑받는 그런 미래를 꿈꾸고 있다. 이 책이 1명이라도 더 많은 바텐더와 칵테일을 생각하는 사람들의 고민을 해결하는 계기가 되고, 칵테일의 가능성은 무한하다는 사실을 인지하며 바텐더의 길을 가는 데 도움이 된다면 더 바랄 게 없다.

* Staff
촬영 : 오야마 유헤이
디자인 : 가부토야 하지메, 진젠지 마키
편집 : 기무라 마키

# 더 믹솔로지

1판 1쇄 발행 2021년 2월 17일
1판 2쇄 발행 2024년 10월 11일

지은이 나구모 슈조
옮긴이 김수연
감 수 성중용

펴낸이 김기옥
실용본부장 박재성
편집 실용2팀 이나리, 장윤선
마케터 이지수
지원 고광현, 김형식

디자인 푸른나무디자인
인쇄 민언프린텍
제본 우성제본

펴낸곳 한스미디어(한즈미디어(주))
주소 121-839 서울시 마포구 양화로 11길 13(서교동, 강원빌딩 5층)
전화 02-707-0337 | 팩스 02-707-0198 | 홈페이지 www.hansmedia.com
출판신고번호 제 313-2003-227호 | 신고일자 2003년 6월 25일

ISBN 979-11-6007-567-0 13590

책값은 뒤표지에 있습니다.
잘못 만들어진 책은 구입하신 서점에서 교환해드립니다.